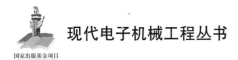

现代电子机械工程丛书

电子设备的建模、仿真与数字孪生

邵晓东　王　伟　编著

U0299579

电子工业出版社
Publishing House of Electronics Industry
北京·BEIJING

内 容 简 介

本书对电子设备数字孪生相关技术进行了较为系统的介绍，包括电子设备的研制特点及应用的数字化技术，电子设备数字样机的模型构建方法，数字样机的仿真流程与实现，数字孪生系统的建模理论与方法，数字孪生系统构建流程与方法，数字孪生系统在电子设备设计、制造和运维中的应用等。

本书可作为从事电子机械工程研究与实际工程技术人员的参考资料，亦可作为研究生与高年级本科生的教材或参考用书。

图书在版编目（CIP）数据

电子设备的建模、仿真与数字孪生 / 邵晓东，王伟编著. -- 北京 : 电子工业出版社，2024. 11. --（现代电子机械工程丛书）. -- ISBN 978-7-121-49121-4

Ⅰ. TN02

中国国家版本馆 CIP 数据核字第 2024R65N13 号

责任编辑：陈韦凯　　　文字编辑：康　霞
印　　刷：北京天宇星印刷厂
装　　订：北京天宇星印刷厂
出版发行：电子工业出版社
　　　　　北京市海淀区万寿路 173 信箱　邮编：100036
开　　本：787×1 092　1/16　印张：13.25　字数：339.2 千字
版　　次：2024 年 11 月第 1 版
印　　次：2024 年 11 月第 1 次印刷
定　　价：79.00 元

凡所购买电子工业出版社图书有缺损问题，请向购买书店调换。若书店售缺，请与本社发行部联系，联系及邮购电话：（010）88254888，88258888。

质量投诉请发邮件至 zlts@phei.com.cn，盗版侵权举报请发邮件至 dbqq@phei.com.cn。

本书咨询联系方式：chenwk@phei.com.cn，（010）88254441。

电子机械工程的主要任务是进行面向电性能的高精度、高性能机电装备机械结构的分析、设计与制造技术的研究。

高精度、高性能机电装备主要包括两大类：一类是以机械性能为主、电性能服务于机械性能的机械装备，如大型数控机床、加工中心等加工装备，以及兵器、化工、船舶、农业、能源、挖掘与掘进等行业的重大装备，主要是运用现代电子信息技术来改造、武装、提升传统装备的机械性能；另一类则是以电性能为主、机械性能服务于电性能的电子装备，如雷达、计算机、天线、射电望远镜等，其机械结构主要用于保障特定电磁性能的实现，被广泛应用于陆、海、空、天等各个关键领域，发挥着不可替代的作用。

从广义上讲，这两类装备都属于机电结合的复杂装备，是机电一体化技术重点应用的典型代表。机电一体化（Mechatronics）的概念，最早出现于 20 世纪 70 年代，其英文是将Mechanical 与 Electronics 两个词组合而成，体现了机械与电技术不断融合的内涵演进和发展趋势。这里的电技术包括电子、电磁和电气。

伴随着机电一体化技术的发展，相继出现了如机-电-液一体化、流-固-气一体化、生物-电磁一体化等概念，虽然说法不同，但实质上基本还是机电一体化，目的都是研究不同物理系统或物理场之间的相互关系，从而提高系统或设备的整体性能。

高性能机电装备的机电一体化设计从出现至今，经历了机电分离、机电综合、机电耦合等三个不同的发展阶段。在高精度与高性能电子装备的发展上，这三个阶段的特征体现得尤为突出。

机电分离（Independent between Mechanical and Electronic Technologies，IMET）是指电子装备的机械结构设计与电磁设计分别、独立进行，但彼此间的信息可实现在（离）线传递、共享，即机械结构、电磁性能的设计仍在各自领域独立进行，但在边界或域内可实现信息的共享与有效传递，如反射面天线的机械结构与电磁、有源相控阵天线的机械结构-电磁-热等。

需要指出的是，这种信息共享在设计层面仍是机电分离的，故传统机电分离设计固有的诸多问题依然存在，最明显的有两个：一是电磁设计人员提出的对机械结构设计与制造精度的要求往往太高，时常超出机械的制造加工能力，而机械结构设计人员只能千方百计地满足其要求，带有一定的盲目性；二是工程实际中，又时常出现奇怪的现象，即机械结构技术人员费了九牛二虎之力设计、制造出的满足机械制造精度要求的产品，电性能却不满足；相反，机械制造精度未达到要求的产品，电性能却能满足。因此，在实际工程中，只好采用备份的办法，最后由电调来决定选用哪一个。这两个长期存在的问题导致电子装备研制的性能低、周期长、成本高、结构笨重，这已成为制约电子装备性能提升并影响未来装备研制的瓶颈。

随着电子装备工作频段的不断提高，机电之间的互相影响越发明显，机电分离设计遇到的问题越来越多，矛盾也越发突出。于是，机电综合（Syntheses between Mechanical and Electronic Technologies，SMET）的概念出现了。机电综合是机电一体化的较高层次，它比机电分离前进了一大步，主要表现在两个方面：一是建立了同时考虑机械结构、电磁、热等性能的综合设计的数学模型，可在设计阶段有效消除某些缺陷与不足；二是建立了一体化的有限元分析模型，如在高密度机箱机柜分析中，可共享相同空间几何的电磁、结构、温度的数值分析模型。

自 21 世纪初以来，电子装备呈现出高频段、高增益、高功率、大带宽、高密度、小型化、快响应、高指向精度的发展趋势，机电之间呈现出强耦合的特征。于是，机电一体化迈入了机电耦合（Coupling between Mechanical and Electronic Technologies，CMET）的新阶段。

机电耦合是比机电综合更进一步的理性机电一体化，其特点主要包括两点：一是分析中不仅可实现机械、电磁、热的自动数值分析与仿真，而且可保证不同学科间信息传递的完备性、准确性与可靠性；二是从数学上导出了基于物理量耦合的多物理系统间的耦合理论模型，探明了非线性机械结构因素对电性能的影响机理。其设计是基于该耦合理论模型和影响机理的机电耦合设计。可见，机电耦合与机电综合相比具有不同的特点，并且有了质的飞跃。

从机电分离、机电综合到机电耦合，机电一体化技术发生了鲜明的代际演进，为高端装备设计与制造提供了理论与关键技术支撑，而复杂装备制造的未来发展，将不断趋于多物理场、多介质、多尺度、多元素的深度融合，机械、电气、电子、电磁、光学、热学等将融于一体，巨系统、极端化、精密化将成为新的趋势，以机电耦合为突破口的设计与制造技术也将迎来更大的挑战。

随着新一代电子技术、信息技术、材料、工艺等学科的快速发展，未来高性能电子装备的发展将呈现两个极端特征：一是极端频率，如对潜通信等应用的极低频段，天基微波辐射天线等应用的毫米波、亚毫米波乃至太赫兹频段；二是极端环境，如南北极、深空与临近空间、深海等。这些都对机电耦合理论与技术提出了前所未有的挑战，亟待开展如下研究。

第一，电子装备涉及的电磁场、结构位移场、温度场的场耦合理论模型（Electro-Mechanical Coupling，EMC）的建立。因为它们之间存在相互影响、相互制约的关系，需在已有基础上，进一步探明它们之间的影响与耦合机理，廓清多场、多域、多尺度、多介质的耦合机制，以及多工况、多因素的影响机理，并将其表示为定量的数学关系式。

第二，电子装备存在的非线性机械结构因素（结构参数、制造精度）与材料参数，对电子装备电磁性能影响明显，亟待进一步探索这些非线性因素对电性能的影响规律，进而发现它们对电性能的影响机理（Influence Mechanism，IM）。

第三，机电耦合设计方法。需综合分析耦合理论模型与影响机理的特点，进而提出电子装备机电耦合设计的理论与方法，这其中将伴随机械、电子、热学各自分析模型以及它们之间的数值分析网格间的滑移等难点的处理。

第四，耦合度的数学表征与度量。从理论上讲，任何耦合都是可度量的。为深入探索多物理系统间的耦合，有必要建立一种通用的度量耦合度的数学表征方法，进而导出可定量计算耦合度的数学表达式。

第五，应用中的深度融合。机电耦合技术不仅存在于几乎所有的机电装备中，而且在高端装备制造转型升级中扮演着十分重要的角色，是迭代发展的共性关键技术，在装备制造业的发展中有诸多重大行业应用，进而贯穿于我国工业化和信息化的整个历史进程中。随着新科技革命与产业变革的到来，尤其是以数字化、网络化、智能化为标志的智能制造的出现，工业化和信息化的深度融合势在必行，而该融合在理论与技术层面上则体现为机电耦合理论的应用，由此可见其意义深远、前景广阔。

本丛书是在上一次编写的基础上进行进一步的修改、完善、补充而成的，是从事电子机械工程领域专家们集体智慧的结晶，是长期工作成果的总结和展示。专家们既要完成繁重的科研任务，又要于百忙中抽时间保质保量地完成书稿，工作十分辛苦。在此，我代表丛书编委会，向各分册作者与审稿专家深表谢意！

丛书的出版，得到了电子机械工程分会、中国电子科技集团公司第十四研究所等单位领导的大力支持，得到了电子工业出版社及参与编辑们的积极推动，得到了丛书编委会各位同志的热情帮助，借此机会，一并表示衷心感谢！

中国工程院院士
中国电子学会电子机械工程分会主任委员 段宝岩

2024 年 4 月

前言

随着计算机技术在电子设备研制过程中的不断普及，数字化和智能化技术已成为电子设备研制中不可或缺的手段，并应用于从设计、工艺、制造到销售、运行、保养、维护的全过程。数字孪生作为数字化技术的集大成者，正在成为电子设备数字化研制的发展方向，越来越多的企业开始构建面向产品设计、生产制造和产品运维的数字孪生系统。

本书基于作者多年的科研经历和电子设备数字化系统开发经验，结合典型电子设备工程案例，对数字孪生系统的相关技术进行了较为全面的介绍，包括电子设备的研制特点及应用的数字化技术，电子设备数字样机的模型构建方法，电子设备数字样机的仿真流程与实现，电子设备数字孪生系统的建模理论与方法，电子设备数字孪生系统的构建流程与方法，数字孪生系统在电子设备设计、制造及运维中的应用等。

除一般机械产品数字孪生的相关内容外，本书针对电子设备的研制特点，重点对电子设备产品孪生体和制造孪生体构建特有的内容进行了介绍，包括机电耦合建模、多学科仿真与优化、微系统封装和 PCB 电子装联工艺样机等，希望对从事电子设备数字化设计和数字孪生系统应用及开发的人员有所帮助。

本书第 1、2、3、6 章由邵晓东编著，第 4 章由王伟编著，第 5 章由邵晓东和王伟共同编著。

限于作者水平，书中难免存在不妥甚至错误的地方，敬请广大读者指正。

作　者
2024 年 8 月

目录

Contents

第1章

电子设备数字孪生

本章在分析电子设备研制特点的基础上，阐述电子设备研制各阶段对数字化和智能化技术的需求，并对数字孪生系统的体系、数字世界、物理世界和虚实映射进行简要介绍。

1.1 概述

电子设备是我国通信、导航、预警、电子战、探测、侦查、计算机等领域的重要设备，是我国预警机、航母、北斗卫星等各类重大装备的"千里眼"和"顺风耳"，其研制水平直接决定了这些国之重器的功能和性能，是现代社会不可或缺的设备。一些典型的电子设备如图 1-1 所示。

（a）相控阵预警雷达

（b）相控阵机载雷达

（c）无人机

（d）预警机

（e）浮空平台

（f）星载雷达

图 1-1　一些典型的电子设备

我国新一代电子设备向多功能、高性能、智能化、高可靠、小型化和低功耗方向发展，对电子设备的研制能力提出了越来越高的要求。研制手段的数字化和智能化是电子设备研制企业提升其产品竞争力、满足国家和人民对电子设备需求的必由之路。

数字孪生是实现电子设备研制手段数字化和智能化、提升电子设备研制效率和产品质量、缩短研制周期的核心技术。数字孪生技术可应用在电子设备设计、制造和运维全过程：在设计阶段，通过构建几何样机和性能样机，可将对设备功能和性能的验证工作尽量前置，避免设计返工；在制造阶段，通过制造孪生样机，对电子设备制造过程进行实时数据采集和精准闭环控制，可显著提升电子设备的制造质量和效率；在运维阶段，基于产品孪生样机，可实时采集电子设备的运维数据，实现对电子设备的远程监控、健康管理和预防性维修，以及实现数据驱动的设计工艺优化、质量溯源和智能决策。

1.2 电子设备的研制特点与数字化研制

1.2.1 电子设备的研制特点

电子设备是一类以电性能为目标、以机电装置为载体的复杂产品。电子设备的研制具有产品结构复杂、涉及学科复杂、制造过程复杂等特点，如图1-2所示。

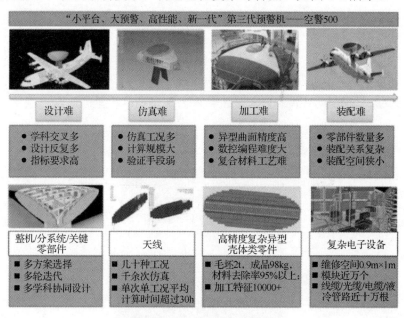

图1-2 电子设备的研制特点

1. 产品结构复杂，组成零部件多，设计难

电子设备往往由数以万计的零部件组成，如某型预警雷达具有数万个零部件、数千根线缆、上万个电子模块和核心组件。这些零部件包括芯片、微系统、PCB、模块、子系统和整机，它们之间存在复杂的装配关系，层级众多，种类复杂。

2. 涉及学科复杂,多学科耦合,仿真难

电子设备研制涉及的学科和专业包括机械、电子、电磁、热、液压、控制、软件等。设计中需考虑各学科之间的耦合关系,建立多学科耦合模型,从而获得准确的设计结果。

3. 制造过程复杂,制造规模两极化,加工装配难

除一般的机加工和装配外,电子设备的制造还涉及特殊的加工和装配方法,包括集成电路制造、微系统封装、PCB 组装、大阵面装调、电性能调试等,制造工艺和过程极其复杂,制造规模呈现极大化和极小化的特点,极大制造,如超过 1000m² 的相控阵阵面,需精密成型、互联集成和装配调整;极小制造,如微纳米芯片和电子组件,需进行高密度、立体化的组装互联。

1.2.2　电子设备的数字化研制

随着数字化技术与制造业的不断深度融合,数字化技术已应用到电子设备研制的全生命周期。如图 1-3 所示,以基于模型的产品定义(Model Based Definition,MBD)、数字样机(Digital Prototype,DP)、数字孪生(Digital Twins,DT)为核心的数字化研制技术被应用在从需求分析、创意设计、总体设计、详细设计,到产品制造、产品销售和运维服务的各个阶段,成为解决复杂电子设备研制问题的有效途径。下面重点介绍几个主要阶段。

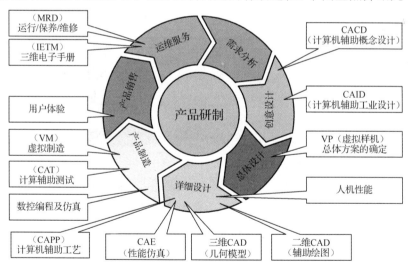

图 1-3　面向全生命周期的电子设备数字化研制技术

1. 概念设计阶段

概念设计又称创意设计,其工作内容包括提出产品性能指标、确定主要设计参数、确定产品外形等。主要输入包括产品市场定位、销售群体、消费习惯、功能和性能参数;主要输出包括产品功能和性能概念模型、产品主体结构和实现原理、产品骨架模型等。

计算机辅助概念设计（Computer Aided Concept Design，CACD）和计算机辅助工业设计（Computer Aided Industry Design，CAID）是概念设计阶段主要应用的数字化技术。最有名的 CACD 方法是 TRIZ 理论，包括 8 大技术系统进化法则、40 个发明原理、39 个通用参数和阿奇舒勒矛盾矩阵、76 个标准解法，通过积累大量设计要素和案例，可帮助设计者按照合理的流程进行子系统分解和矛盾消除，确定合理的产品设计方案；CAID 技术可帮助设计者完成产品形态、色彩、材质和人机性能的合理设计。CAID 以所见即所得方式帮助设计者构建外观逼真的三维模型，并以工业设计理论和方法指导产品开发，其功能涉及装配布局和人因分析等。

2．总体设计阶段

总体设计阶段的工作内容包括产品功能定义、布局与结构分解、关键指标及参数确定与分解、工艺性分析、各分系统任务制定等。主要输入包括项目任务书；主要输出包括项目设计师系统、标准化大纲、质量大纲、研制计划大纲、总体设计方案报告、各分系统任务书、各分系统接口、结构布局模型（骨架模型）、产品整机性能仿真模型和结果、工艺性分析报告等。

虚拟样机（Virtual Prototype，VP）技术可在总体设计阶段发挥巨大作用。例如，世界上最大的工程机械制造商卡特彼勒公司在进行某型挖掘机设计时，成功应用 VP 技术实现了对设计方案的优选。在进行总体设计时有三个方案，在图 1-4 所示的 VP 环境中发现其中两个方案存在问题：用户操作机器时在某些位置下操作者看不见挖斗后面的人，存在重大安全隐患。如果选择缺陷方案进行详细设计和物理样机制造，将造成至少 9 个月的设计延期，需要返工重新设计，增加了大量研制成本。

图 1-4　卡特彼勒公司的挖掘机的虚拟样机

3．详细设计阶段

详细设计阶段的工作内容是按照设计任务书的要求，完成符合功能和指标需求的零部件、模块、分系统和整机的设计。二维绘图、三维设计、计算机辅助工艺规划（Computer Aided Process Planning，CAPP）、虚拟样机等数字化技术在该阶段被大量应用。

详细设计按照专业可划分为结构设计、电磁设计、电子设计、伺服控制设计、工艺方案设计与可制造性分析。

1）结构设计

结构设计的主要输入包括结构设计任务书和结构布局文件；主要输出包括零部件的几何模型、装配模型、结构运动模型、结构性能仿真模型和结果、电磁兼容性能仿真模型和结果、热性能仿真模型和结果，以及工程图纸。

自 20 世纪 90 年代"甩绘图板"以来，各电子设备研制企业开始普及应用二维绘图技术。进入 21 世纪后，二维绘图越来越多地被三维设计所替代，设计者通过构建产品零部件的三维模型来实现对产品装配和运动性能的准确预测。近年来，MBD 技术方兴未艾，基于三维模型对电子设备的设计、工艺、制造和运维全过程进行定义。

2）电磁设计

电磁场和电磁波是雷达、通信、导航等电子设备工作的核心，电磁设计是保证电子设备功能和性能的关键。电磁设计的主要输入包括电磁设计任务书；主要输出包括电磁性能仿真模型和结果、电磁结构的设计任务书，如电磁器件的腔体形状、尺寸和精度要求等。

电磁设计中，电磁性能仿真软件的应用非常关键。设计者通过构建电磁仿真模型，可以准确预测电磁场场强和方向分布、天线增益和方向图等。

3）电子设计

电子设计是电子设备功能和性能实现的核心。电子设计的主要输入包括电子设计任务书；主要输出包括电路设计原理图、电路性能仿真模型及其结果、电路排版模型。

电子设计中，EDA 软件是主要的设计工具，可帮助设计者完成复杂的电子线路设计，并对其工作过程进行仿真，从而获得工作电压、电流、阻抗、噪声等性能参数。

4）伺服控制设计

伺服控制系统是电子设备中一类特殊的结构体，用于实现电子设备的运动控制。其设计的主要输入包括被控制机构的动态响应指标、极限位置及控制系统结构尺寸等；主要输出包括控制原理图、控制元件汇总表及装配模型等。

三维 CAD 软件可帮助设计者完成伺服系统的结构设计，机构运动仿真、动力学仿真和液压传动仿真则可帮助设计者预测伺服系统的功能和性能。

5）工艺方案设计与可制造性分析

工艺方案设计与可制造性分析的主要输入包括产品及零部件的几何模型和工程图纸；主要输出包括工艺方案和可制造性分析结果。

4．产品制造阶段

产品制造阶段的工作内容是根据工艺设计方案，完成产品及零部件的加工、装配和调试。输入包括产品订单、工程图纸、工序卡片、作业指导书、NC 程序；输出包括产品生产计划、产品及零部件制造数据和检测报告。

产品制造是数字化技术的另一个重要应用领域，主要技术包括数控（Numbric Control，NC）编程及仿真、计算机辅助测试（Computer Aided Test，CAT）、虚拟制造（Virtual Manufacturing，VM）和智能制造（Intelligent Manufacturing，IM）。

5．产品销售阶段

产品销售阶段的主要工作内容是向客户全面展示设备的功能和性能。数字化技术在销售阶段的主要应用有：一是在产品预销售时（没有实际制造之前），或者因为距离遥远、通关受限等原因不便向客户展示实际产品的时候，通过虚拟样机方式，向客户展示产品的功能和性能；二是在实际产品展示时，通过 AR（增强现实）等技术，向客户补充展示产品的功能和性能。

6．运维服务阶段

运维服务阶段的主要工作内容是确保产品的正常使用，包括设备的使用培训、运行监控、日常保养和故障修理，数字化技术在这些工作中有非常大的作用。在使用培训阶段，可应用人在回路的虚拟样机技术，帮助使用者快速积累设备操作和维修技能；在运行监控阶段，应用数据采集、健康管理、预防性维修等技术，可实现对设备的实时远程运行监控；在日常保养和故障修理阶段，可应用智能故障处理技术和三维电子手册，实现设备故障的快速排除和可视化维修作业指导。

综上所述，数字化技术在我国电子设备研制各阶段得到了广泛应用，显著提升了设备的研制效率和水平。在 MBD 基础上，通过与传感器、工业互联网、增强现实、大数据分析等技术的紧密结合，各种数字化技术正在向全周期、三维化、集成化、可视化和智能化的方向发展，智能、实时、虚实融合，是新一代电子设备研制技术的发展趋势，数字孪生技术，则是新一代数字化研制技术的集大成者。

1.3　虚实融合的数字孪生系统

数字孪生系统是数字化研制和数字样机技术发展到一定阶段的产物，与传统数字化研制构建虚拟的"数字世界"不同，数字孪生更强调"数字世界"与"物理世界"的虚实融合。

数字孪生的目标是实现虚拟的数字世界和实际物理世界之间的双向映射：一方面，通过传感器、物联网实时采集电子设备及其所在环境的相关数据，结合预先构建的行为模型，实现物理世界向虚拟世界的精准映射；另一方面，基于多学科、多物理量、多尺度、不确定性的仿真模型，结合对历史大数据的分析和挖掘，在虚拟世界中对产品未来的行为进行准确预测，预判可能出现的问题，并结合工业控制技术，对物理世界进行动态干预，实现物理世界的优化。

1.3.1　数字孪生体系

"数字孪生"的概念最早是由美国军方提出来的。2011 年，美国空军研究实验室（Air Force Research Laboratory，AFRL）明确提出了数字孪生的概念，随后该概念迅速被制造业采用，并与数字样机、MBD、智能制造等技术相结合。近年来很多 IT 公司、制造企业、学者都对数字孪生技术进行了研究，提出了各自的数字孪生体系模型，比较著名的有以下一些。

1. PTC 公司的数字孪生体系模型

PTC 公司是最早开始将数字孪生技术引入其数字化设计软件的 CAX 厂商之一，并借用"太极图"（见图 1-5）讲述了制造业数字世界与物理世界完美融合的理念。

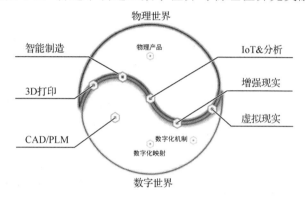

图 1-5　PTC 太极图

在 PTC 太极图中，物理世界是企业的一极，加工、装配、检验、运维是物理世界的核心要素；数字世界是企业的另一极，CAD、CAE、PLM 等软件和模型、知识是数字世界的要素；而 PTC 公司的 ThingWorx 平台是连接两极的桥梁，帮助企业实现数字世界与物理世界的融合。3D 打印、智能制造、传感器、物联网等可实现物理世界和数字世界的信息沟通和转换，虚拟现实和增强现实则可改变人们与数字世界和物理世界的互动方式。

2. 西门子公司的数字孪生体系模型

西门子公司对数字孪生的研究和实践非常深入，提出了数字孪生体模型（见图 1-6），从产品全生命周期角度，诠释了数字孪生体的组成和应用。在产品设计阶段，西门子提出数字孪生体产品（digital twin product）的概念，即产品孪生，利用数字孪生理念构建虚拟产品（数字样机），对虚拟产品性能进行验证；在产品制造阶段，西门子提出数字孪生体生产（digital twin production）的概念，即制造孪生，在制造阶段使用数字孪生技术，对产品的工艺和制造进行仿真，实现对产品生产过程的确认；在产品交付运行阶段，西门子提出数字孪生体效能（digital twin performance）的概念，构建产品运行数字孪生体，通过物联网传感器实时监控所有机器设备。最后，通过对生产和运行孪生数据的分析和挖掘，实现物理世界中产品和生产的不断改进和优化。

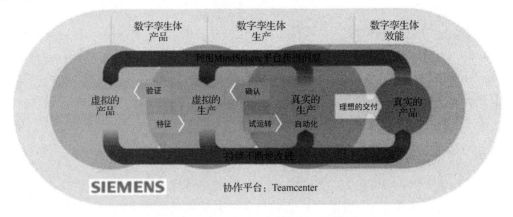

图 1-6　西门子公司的数字孪生体模型

3. 达索公司的数字孪生体系模型

达索公司的三维体验平台（3DEXPERIENCE Twin）如图 1-7 所示，其核心思想：一是基于模型的单一数据源和产品信息融合；二是集成和协同。纵向打通产品全生命周期的各个环节，横向打通信息孤岛，实现产品全生命周期的数字化连续和多学科知识的数字化表达。

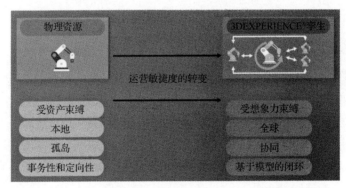

图 1-7　达索公司的 3DEXPERIENCE 三维体验平台

4. 国内外学者关于数字孪生体系的理论

图 1-8 是北航团队提出的数字孪生五维模型，将数字孪生系统分为物理实体、虚拟实体、孪生数据、连接与集成及服务五个部分。从物理实体的感知接入、决策执行、边缘端协作、虚拟实体的功能与描述、模型的构建与组装、模型验证、模型运行与管理、孪生数据表示、数据分类、数据存储、数据使用与维护、数据测试、连接映射、信息传播、交互与集成、连接测试、服务描述模型、服务开发、服务部署与运行、服务管理、服务 QoS 与测评、服务交易等方面，对数字孪生的体系和技术进行了描述。

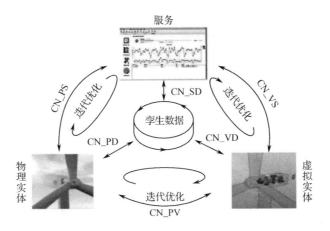

图 1-8　北航团队提出的数字孪生五维模型

5．军用电子设备数字孪生标准

中国电子科技集团公司第三十八研究所、西安电子科技大学等单位牵头制定了电子行业的数字孪生标准——《军用电子设备数字孪生》，该系列标准包括《SJ 21615—2021 军用电子设备数字孪生　通用要求》《SJ 21616—2021 军用电子设备数字孪生　模型构建要求》、《SJ 21617—2021 军用电子设备数字孪生　数据采集与处理要求》和《SJ 21618—2021 军用电子设备数字孪生　应用要求》，将数字孪生系统定义为由物理装备、孪生数据、孪生模型和数字孪生装备组成的系统（见图 1-9），从数据采集、数据传输、应用服务、数据建模、数据分析、系统决策、控制执行等维度对数字孪生体系和技术进行了规范。

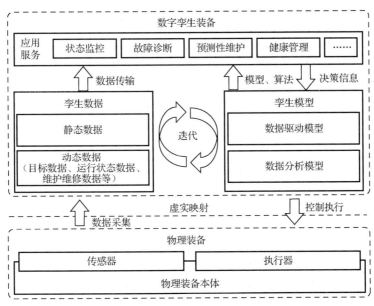

图 1-9　军用电子设备数字孪生标准

1.3.2 数字孪生的数字世界

对于电子设备这样的复杂产品，其数字孪生的数字世界实际上就是面向全生命周期、高保真、具备产品行为模拟能力的数字样机，如图 1-10 所示，其主要特点如下。

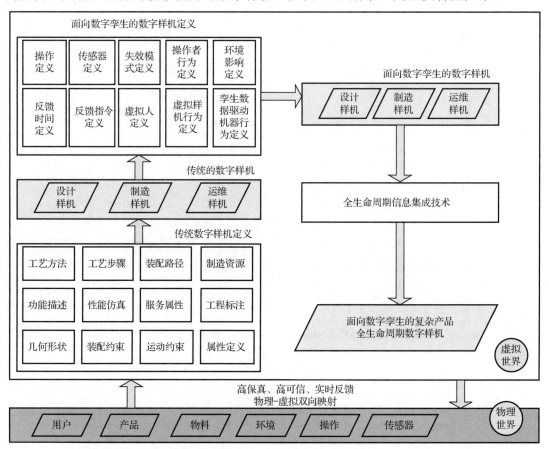

图 1-10 复杂产品数字孪生体的数字世界

1. 面向产品研制的全生命周期

数字样机应面向产品全生命周期的需求构建，包括设计、制造和运维各阶段。

（1）设计样机：设计阶段构建的数字样机。在构建产品三维几何模型的基础上，集成各类仿真软件的仿真结果，精准预测产品功能、性能和可靠性，并对产品设计进行优化。

（2）制造样机：制造阶段的数字样机。对产品零部件加工和装配的工艺过程进行仿真，预测加工和装配精度，同时集成 CPS 系统采集的制造数据，反映产品制造的实际情况。

（3）运维样机：运维阶段的数字样机。在设计样机基础上增加产品在运维阶段的需求（如销售展示、使用培训、运行控制、保养维修等）和实际运维数据而构建的数字样机。创建于设计阶段，在产品运维阶段使用。同时集成采集到的实际运行和维护数据，反映物理产品的真实运行情况。

2．精准的产品行为定义

面向数字孪生的数字样机须具备虚实映射能力：首先建立产品行为模型，然后由采集制造和运维数据驱动样机，在数字世界呈现精准的产品行为，实现数字世界和物理世界的"镜像"。

产品行为的要素包括操作、失效模式、环境影响、反馈指令、虚拟样机行为、操作者行为等。

1.3.3　数字孪生的物理世界

电子设备的数字孪生体可划分为制造孪生体和产品孪生体两种类型，不管哪种类型的数字孪生体，其物理世界都大致可分为数据采集系统、数据汇聚系统、过程监控系统和人机交互系统四部分。

1．数据采集系统

对于制造孪生体，数据采集是指在产品零部件加工、装配和检测的物理系统中，安装温度传感器、湿度传感器、速度传感器、加速度传感器等各类传感器，实时获得加工设备、工装夹具、检测设备等的相关数据和状态，包括环境数据、工艺数据、设备运行信息、设备运行状态、报警信息、效能数据、生产数据和检测数据等。图 1-11 所示为电子组件微组装孪生体的数据采集系统。

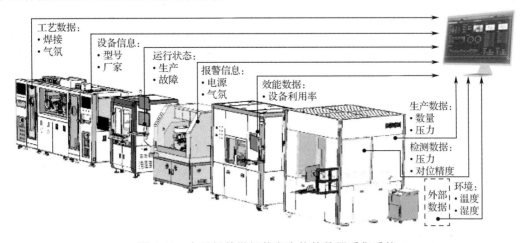

图 1-11　电子组件微组装孪生体的数据采集系统

对于产品孪生体，数据采集是指在产品物理系统的关键子系统或重要零部件中安装速度传感器、加速度传感器、压力传感器、温度传感器等各类传感器，实时获得产品运行的相关数据和状态，包括产品运行信息、运行状态、报警信息和效能数据等。

2．数据汇聚系统

数据汇聚是指将采集到的设计、工艺、制造、检测和运维数据，按照产品型号、批次、实例等不同维度有机集成，实现数据之间的融合，为数据分析和重用奠定基础。

数据汇聚可分为两个阶段：一是边缘端数据汇聚；二是边缘端数据向数据中心的汇聚。边缘端数据汇聚直接面向制造或运维现场，具有实时、海量和无序的特点；边缘端数据向数据中心的汇聚则是数据从无序转向有序的过程，系统对原始采集数据进行处理后，将真正有用的数据传递到数据中心，并建立产品型号、批次和实例之间的关联关系。

3．过程监控系统

过程监控是指在产品制造和运行过程中对产品制造和运行的实时监督和控制，是由"虚"到"实"的关键所在。对于制造孪生体，可通过对采集数据的实时分析，形成决策和操作指令，由工业互联网下达到制造现场各工位，通过自动执行装置或人工进行操作，实现对物理世界的干预；对于产品孪生体，在产品运行数据出现或即将出现异常时，数字孪生体会及时发现或预测，并下达指令，及时优化产品运行参数，或执行预维修操作，避免可能出现的故障。

4．人机交互系统

人机交互系统负责以真实、逼真、处境感的方式，向处于数字孪生系统的操作者反馈信息，并接受操作者的指令输入。

1.3.4　数字孪生的虚实映射

数字孪生系统中，互为孪生的数字世界和物理世界并不是独立存在的，数字世界是物理世界的"映射体"，应准确、实时地反映物理世界中产品所有的外观、行为和规律；而物理世界作为数字世界的"真实存在"，又无时无刻不受到数字世界的影响，数字世界的每一个预测和决策都将对物理世界产生影响，并指导物理世界中产品功能、性能和行为的优化和改进。

因此，虚实映射是数字孪生系统最为重要的组成部分，虚拟的数字世界和实际的物理世界相互映射、相互融合的方法和规则是决定数字孪生系统成败的关键。虚实映射的关键要素包括数据实时同步、数据融合与集成、高保真系统建模、高可靠预测与智能决策、场景映射与融合。

1．数据实时同步

数字世界和物理世界数据的实时同步是实现虚实融合的基础。数字孪生系统的数据来自两个方面：一是虚拟数据，即由数字样机仿真得到的产品运行和状态数据；二是实际数据，即通过传感器从物理系统采集到的产品运行和状态数据。在数字孪生系统中，同一个对象的"虚""实"数据应该严格同步，同步时间差应控制在允许范围内。

如图1-12所示，当实际数据发生变化时，数字样机通过传感器实时接收到"实"数据，并快速更改状态，与物理世界中的产品实物状态保持一致；当数字世界中的虚拟数据发生变化时，通过工业控制系统向物理世界中的产品发出指令，快速更改产品的实物状态，与数字世界中的样机状态保持一致。

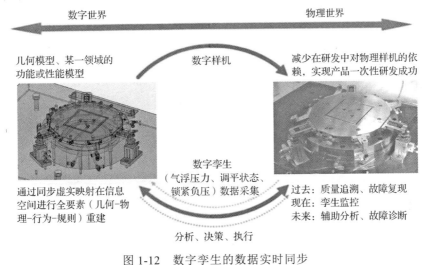

图1-12 数字孪生的数据实时同步

2．数据融合与集成

对于数字孪生系统来讲，简单的数据同步是远远不够的，必须在数据同步的基础上，基于统一数据模型，实现多维异构数据之间的融合和集成。然后基于统一行为模式，实现数字世界和物理世界下产品外观、功能、虚拟和行为表现的一致。

数据融合是多维度的：从数据类型看，包括设计、工艺、制造、检测、运行、保养和维修等数据之间的融合；从数据形态看，包括结构化数据（如数据库的表数据）、半结构化数据（如 XLS 表格、DOC 和 TXT 文本）和非结构化数据（如几何模型数据）之间的融合；从产生数据的应用系统看，包括 CAD、CAE、CAPP、CAM、PDM、ERP、MES 等工业软件之间的融合。

3．高保真系统建模

物理系统和数字系统之间的高度相似是数字孪生系统的显著特点，也就是说，数字世界的模型是高保真的，与物理世界中的物体在外形、属性、性能、行为上高度相似。

首先，数字孪生的"虚"和"实"之间应有高度相似的几何外形、颜色、材质、灯光和环境；其次，数字孪生的"虚"和"实"之间应有高度相似的功能和性能。虚拟世界的数字样机在承受外界激励（如重力、温度、压力、电磁干扰、冲击、振动等）时表现出来的性能数据（如应力、应变、温度场、电磁场、电压、电流、电阻等），以及设备运行的数据和状态，应与物理世界设备实物所呈现的高度相似；第三，数字孪生的"虚"和"实"之间应有高度相似的行为和逻辑。相同输入下，数字世界中的数字样机应有和物理世界中的设备实物高度相似的行为和逻辑，如运动轨迹、信号时序、反馈指令、控制电压和失效模式等。

4．高可靠预测与智能决策

根据《SJ 21615—2021 军用电子设备数字孪生 通用要求》的定义，数字孪生系统的主要功能包括数据采集、数据传输、应用服务、数据建模、数据分析、系统决策和控制执行。其中，基于高可靠预测的系统智能决策是数字孪生系统的一个功能。

数字孪生系统的数字世界和物理世界虽然相互耦合、相互映射，但是两者也有各自的特点和分工。物理世界是数字孪生系统功能的执行载体，需通过物理设备才能真正发挥作用，完成实际功能；数字世界则是数字孪生系统的"大脑"。虽然物理设备也具有自己的控制系统，但是受到条件限制，物理设备只能完成边缘端的决策与控制。需要大量计算能力的复杂决策，包括历史数据采集、数据清洗、数据分析、数据建模、可信度评价、人工智能决策等，往往在数字世界中完成。

高可靠预测是数字孪生"虚""实"融合中非常重要的研究方向：首先，不断收集从物理世界采集到的设备运行和维护数据，并将这些数据和设计数据、制造数据相互融合，形成基于实例的、面向产品全生命周期的设备历史数据库，以及对设备运行行为进行预测的数学模型和规则；其次，用实测数据对数字样机模型进行修正，使得数字样机的仿真预测更加精准；第三，设备运行时结合实时采集到的运行数据，应用数字样机等对设备运行的未来进行高可靠预测，发现与预期目标之间的差距，并对运行参数进行优化；最后，通过设备控制系统下发运行参数调整指令，实现设备运行性能的优化。

5．场景映射与融合

设备运行场景的虚实映射和融合是数字孪生虚实映射中又一个重要的研究点。所谓场景融合，是指将虚拟世界和物理世界的设备运行场景合二为一，信息相互叠加，融合在一起。

第2章

面向全生命周期的电子设备数字样机建模

本章描述电子设备数字孪生体数字世界的主体——"数字样机"的构建技术。首先描述电子设备数字样机的内涵、分类和特点；然后从产品全生命周期的角度，探讨不同维度的数字样机同源建模的基本思路；最后在此基础上，分别对电子设备的设计样机、工艺样机、制造样机和运维样机等的模型构建技术进行描述。

2.1 概述

数字样机是数字孪生体数字世界最重要的组成部分，数字样机构建的准确性和可信度是决定数字孪生系统应用效果的关键，数字样机建模的方法则是决定数字样机可信度的关键。

本章将从电子设备全生命周期的角度出发，按照设计样机、工艺样机、制造样机和运维样机和培训样机的顺序对电子设备数字样机的建模技术和方法进行描述。

2.1.1 电子设备数字样机的内涵

1. ISO 定义的数字样机

2015 年，我国专家主导制定了数字样机国际标准 ISO17599。在该标准中，将数字样机定义为"对机械产品整机或具有独立功能的子系统的数字化描述，这种描述不仅反映了产品对象的几何属性，还至少在某一领域反映了产品对象的功能和（或）性能"。也就是说，普通机械产品数字样机的主要内涵为：

1）对产品的数字化描述

数字样机是采用计算机技术，通过数字化定义的手段，基于三维模型，对机械产品整机或其中某个或几个子系统的数字化描述。

2）反映产品几何属性及其功能和性能

首先，反映产品的几何属性，应在几何形状、颜色、材质、质量和密度等方面，与实际产品高度相似；其次，准确反映一个以上的产品功能或性能，例如，受力变形、谐振频率、抗冲击能力、器件工作温度、电磁场强度、信号增益、加工精度、装配精度和操作舒适度等。

2. 电子设备数字样机

电子设备数字样机在普通机械产品数字样机定义的基础上，还至少应包含以下一些特征：

1）反映电性能

电性能包括电子设备的电气性能和电磁性能。电气性能包括：普通的电路性能，如电压、电流、功率等；半导体性能，如直流放大倍数、交流放大倍数、整流电流、反向击穿电压、正向导通电压、结电容、噪声系数、特征频率、截止频率、耗散功率等；集成电路性能，如工作电压、带宽、失真系数、ADC 的转换速率、转换精度、分辨率等；电气连接性能，如接触电阻、绝缘电阻和抗电强度。电磁性能则是电子设备产生的电磁场性能，包括场强、方向、增益和带宽等。

"机械设计是电性能的载体，电性能是机械设计的最终目标"，这是电子设备设计区别于一般机械产品的最大特点。因此，电子设备数字样机必须反映电子设备的电性能。

2）考虑机电耦合

机电耦合是电子设备区分于其他机械产品的一个突出特点。在电子设备数字样机的建模过程中，必须考虑结构、散热、电磁兼容对电性能的影响，考虑多学科、多物理场、多介质、多尺度、多元素之间的深度融合，将机械、电气、电子、电磁、光学、热学等的仿真分析融于一体。

3）反映核心零部件性能

电子设备数字样机应该包含电子设备典型零部件类型的数字化定义，这些典型零部件类型包括芯片、微系统组件、板级装配、模块、机械结构件、线缆和整机。

2.1.2 电子设备数字样机的分类

ISO17599 从生命周期、研制阶段、产品组成、功能性能等多个不同的维度，给出了机械产品数字样机的分类定义（见图 2-1）：

（1）从生命周期看，可将数字样机划分为设计样机、生产样机、宣传样机、培训样机和运维样机等；

（2）从研制阶段看，可将数字样机划分为概念样机、方案样机和详细样机等；

（3）从产品组成看，可将数字样机划分为全机样机、子系统样机和模块样机等；

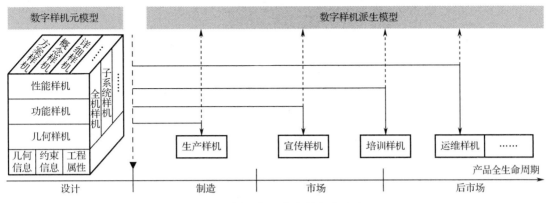

图 2-1　机械产品数字样机的分类

（4）从功能性能看，可将数字样机划分为几何样机、功能样机和性能样机。

需要指出的是，不同类型的数字样机并不是孤立的，应面向产品全生命周期，采用 MBD 技术，同源构建基于三维模型的多学科、多维度、多层级数字样机。

2.1.3　电子设备数字样机的特点

电子设备是特殊的机电产品，其数字样机除具备一般机电产品样机的特点外，还具备以下特点：

（1）机械、电子、电磁、液压、散热多学科耦合。和其他产品一样，电子设备以机电产品的形式存在，但是电子设备的设计涉及机械结构、电子、电磁、液压和热等多个学科的相互作用。

（2）机械零部件、电子元器件、线缆管路多要素协同建模。构建几何样机和性能样机时，不仅有普通的机械结构零部件，还有数量庞大的电子元器件和线缆管路等要素，构建全三维模型的难度要远大于一般机电产品。

（3）电子芯片、微系统、PCBA、模块、分系统、整机多层级关联。构建工艺样机和制造样机时，不仅有普通的机械零件加工和零部件装配，而且有电子基板、微系统封装、电气互联等多种特殊的制造方式，每一种都需要构建特殊的工艺样机和制造样机。

2.1.4　面向全生命周期的数字样机

从全生命周期角度，通常可将数字样机划分为设计样机、工艺样机、制造样机和运维样机（见图 2-2）。这一分类方法与 ISO17599 略有不同，但更适合数字样机模型构建的需要。

1．设计样机

设计样机是指在设计阶段创建，用于反映产品功能和性能的数字样机。电子设备的设计样机应在反映产品几何属性的基础上，进一步反映电子设备的结构性能、热性能、电性能和人机性能。

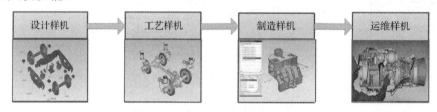

图 2-2　面向全生命周期的数字样机

2．工艺样机

工艺样机是指在工艺阶段创建，用于反映加工和装配等制造过程工艺性能的数字样机。电子设备工艺样机应反映电子设备制造全过程的工艺性能，包括电子基板制造、微系统封装、PCB 电子装联、模块组装、机加工工艺、结构件安装、线缆安装等。

3．制造样机

制造样机是指在制造阶段创建，用于反映产品制造流程、节拍、效率、物流性能的数字样机。电子设备的制造样机应反映电子设备制造全过程的制造性能，如 SMT 产线、机加工产线等。

4．运维样机

运维样机是指在运维阶段创建，用于进行产品销售、培训、运行、保养和维修的数字样机。电子设备的运维样机应满足电子设备运维阶段的全部需求，包括运行监控、健康管理、预防性维修、故障诊断与排除、质量回溯、设计和工艺的迭代优化等。

2.1.5　数字样机的同源建模

无论是设计样机、工艺样机还是制造样机、运维样机，本质上都是对产品功能或性能的描述，各样机之间存在关联关系。当某个样机模型发生变化时，其他样机模型应同步更新。

所谓同源建模，是指基于同一个源模型构建不同的目标样机模型。如图 2-3 所示，在相控阵天线几何样机模型的基础上，通过同源建模技术，派生构建出热仿真样机、机械仿真样机、液压仿真样机、电子仿真样机、控制仿真样机、人机功效仿真等各类性能仿真样机。

图 2-4 所示是数字样机同源建模的技术路线：基于统一的描述语义、在统一级进演化模型架构下完成不同维度的数字样机模型。

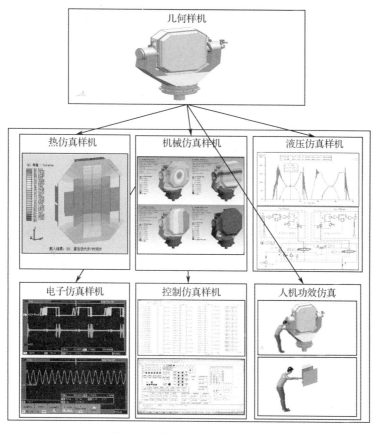

图 2-3　数字样机的同源建模

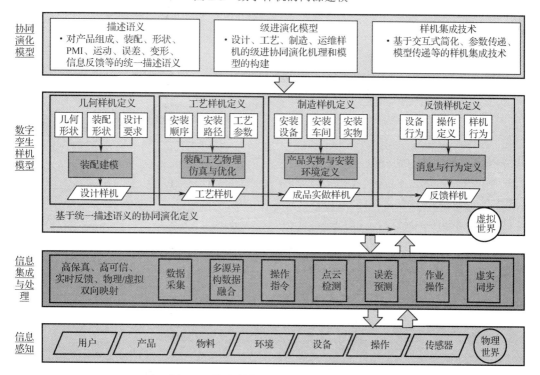

图 2-4　数字样机同源建模的技术路线

2.2　电子设备设计样机建模

2.2.1　几何样机建模

1. 概述

图 2-5　几何样机

ISO17599 将几何样机定义为"机械产品数字样机的一个子集"。"它是从已发放的数字样机中抽取出的侧重几何信息表达的数字化描述。"如图 2-5 所示，几何样机是对产品外形、材质、尺寸、公差、装配、运动等的数字化描述。第一，定义产品零部件形状和特征；第二，设置零部件材料、颜色、密度等属性；第三，对产品零部件尺寸和公差进行规定；第四，体现零部件装配关系；最后，对运动约束进行合理设置。以上所有描述，都应和最终的产品实物一致。

ISO16792 标准对产品几何样机的数据组成和内容进行了定义，如图 2-6 所示。

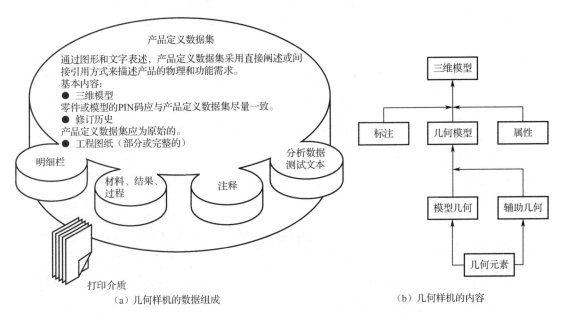

（a）几何样机的数据组成　　　　　　　（b）几何样机的内容

图 2-6　ISO16792 定义的几何样机的数据组成和内容

1）三维模型

如图 2-7 所示，三维模型由几何模型、标注（PMI，Product Manufacturing Information）和属性组成。几何模型包括零部件几何外形、设计特征（凸台、凹槽、通孔、螺纹等）、几何约束（平齐、垂直、相切等）、装配约束（面面对齐、线线对齐等）、运动约束、装配层级等；标注是对零部件制造质量的量化要求，包括尺寸、公差、表面粗糙度、技术要求等；属性是对零部件的其他要求，包括零部件的材料、颜色、图号、设计者、体积、惯量等。

2）修订历史

修订历史是零部件创建、签审和修订的历史信息，以及每一个有效版本的相关模型。

3）工程图纸

工程图纸是传统产品研制中必不可少的要素，是传统模式下的沟通桥梁。智能制造模式下，工程图纸不是必需的，可通过三维模型的轻量化发放替代。

如图 2-8 所示，不同设计阶段几何样机建模的目标是不一样的。概念设计阶段的重点是产品的外形、材质和颜色；总体设计阶段的重点是产品的结构布局和子系统组成；详细设计阶段的重点是各零部件的结构分解、零件建模、模型装配、机构运动设置、标注和工程图纸输出。

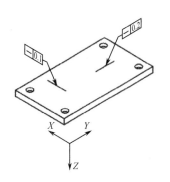

图 2-7　带 PMI 的三维模型

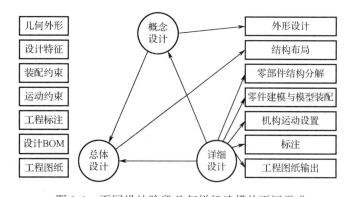

图 2-8　不同设计阶段几何样机建模的不同需求

几何样机建模就是构建产品零部件的几何外形、设计特征、装配约束、运动约束、工程标注和图纸等。其难点有两个：一是自顶向下的建模，实现概念设计、总体设计、详细设计之间模型的关联；二是整机参数化建模，实现模型的快速构建。此外，与一般机械产品相比，电子设备的几何样机建模还有两大难点，即电子元器件和线缆的模型构建。

下面对几何样机自顶向下的建模、整机参数化建模、电子元器件建模和线缆建模进行描述。

2. 几何样机自顶向下的建模

自顶向下的建模是提高建模效率的有效方法，商品化 CAD 软件普遍提供了自顶向下的建模功能，如 PRO/E 的骨架模型和 UG 的 WAVE。建模流程如图 2-9 所示，步骤包括结构布局、检出参考要素、创建零部件模型、更新产品结构等。

1）结构布局

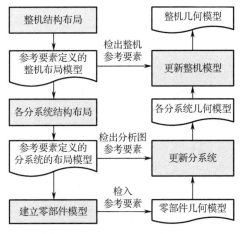

图 2-9　自顶向下的建模流程

进行概念设计和总体设计时，通常使用点、线、面等参考要素进行结构布局，建立零部件之间的关联关系。结构布局的主要工作是分解产品结构，初步确定产品结构树，并通过参考要素定义产品几何模型的概要信息，建立参考要素之间的约束关系。

2）检出参考要素

进行详细设计前，总设计师将参考要素检出并发放给子系统设计师。子系统设计师以各自获得的参考要素为基础，对设计细节进行细化和完善，同时向下一级的零部件设计者发布参考要素。

3）创建零部件模型

零部件设计者获得设计参考要素后，创建各自的零部件几何模型，并进行标注和属性设置。

4）更新产品结构

负责产品或子系统结构布局的人员在下一级设计任务完成后，通过之前创建的结构布局模型更新产品结构，通过参考要素和详细设计模型得到完整的产品几何模型。

总设计师或子系统设计师可以通过修改参考要素的位置、形状和数值，来实现对产品几何模型的顶层控制。

图 2-10 所示为在 PRO/E 软件下，通过骨架模型实现自顶向下建模的实际案例。

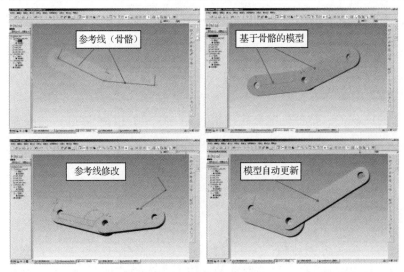

图 2-10　自顶向下建模实例

3．整机参数化建模

组成产品的零部件成千上万，几何样机建模的工作量巨大，工程中非常需要根据设计规则，自动或半自动构建几何模型的技术。参数化技术是迄今实现几何样机快速建模最有效的手段，商品化 CAD 软件几乎都支持参数化建模，可通过参数驱动零部件几何模型。但是利用传统参数化技术建立整机模型时，设计者仍需进行大量操作，包括：

（1）确定组成产品的零部件种类、数量和装配关系。

（2）确定零部件拓扑结构和特征，如航空电子机箱各模块的接头、插拔器、锁紧器等。

（3）确定设计参数。

因此，设计者建模的工作量很大。

对于某类产品，上述建模工作总是有一定规律可循的，即所谓的建模规则。整机参数化将建模规则引入建模过程，针对某类产品建模特点，总结其建模规律，依据建模规则编写程序，由程序自动完成产品整机建模的一系列操作。据波音飞机公司预计，波音 777 设计中引入整机参数化设计后，节省了约 50%的重复工作和错误修改时间。

整机参数化建模的基本思路如图 2-11 所示，总结产品几何模型的构建规律，形成建模规则，并将其固化在程序中。使用时，只需输入设计主参数，系统依据建模规则，自动生成零部件模型，显著提升了建模效率。

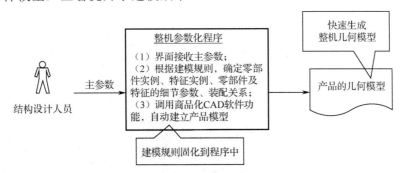

图 2-11　整机参数化建模的基本思路

整机参数化研究主要集中在如下 3 个方面。

1）基于实例编程的整机参数化

通过提炼产品实例的建模经验，建立知识库，快速生成整机模型。建模规则以代码形式"固化"在程序中，系统按照预先编写的规则工作，产品结构稍有改变，原来的系统便不再适用。实际工程中，影响产品几何形状的因素非常多，建模规则琐碎而又多变，基于实例编程的整机参数化技术很难适应这种需求。

2）基于几何约束的整机参数化

建模初期通过参考要素（点、线和面）定义模型概要信息，设计阶段以参考要素为基础构建零部件细节。通过修改参考要素的位置、形状和参数，实现对整机模型的控制。典型代表有 WAVE（What-if Alternative Value Engineering）、骨架模型（Skeleton Model）

和布局草图（Assembly Layout Sketch）。该方法的灵活性好，可实现自顶向下的建模，但是无法对产品整机的建模行为和规律进行全面描述，建模效率和操作复杂度与真正的整机参数化有一定差距。

3）基于知识描述的整机参数化

知识熔接（Knowledge Fusion，KF）技术在传统参数化中引入脚本对产品建模过程进行描述。达索公司提出了基于知识工程（Knowledge Based Engineering，KBE）的建模技术。美国军用飞机实验室提出了基于 KBE 的自适应知识建模语言（Adaptive Modeling Language，AML），并用于无人驾驶飞机的机翼设计中。该方法的优点是脚本独立存储，用户可通过修改脚本实现对产品建模规则的定制。

下面介绍 3 个采用整机参数化技术构建的快速生成电子设备几何模型的实例。

（1）实例 1：反射面天线的整机参数化

图 2-12 为反射面天线的整机参数化建模实例：通过建立设计参数与模型构建之间的规则，并将其固化到专用程序中，实现整机模型的快速构建。只需输入反射面口径、面板尺寸、圈数、中心体参数、背架参数、型材参数等，系统就会自动生成反射面天线及其背架的几何模型，显著提高了建模效率。

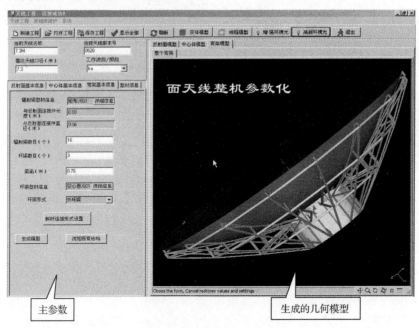

图 2-12　反射面天线的整机参数化建模实例

（2）实例 2：航空机箱的整机参数化

图 2-13 是某型航空机箱的整机参数化建模实例。设计时采取"搭积木块"的方式，也就是说，以模块为单位进行参数化，然后通过建模规律自动组装模块。允许用户自定义模块内部结构，以增加系统柔性。

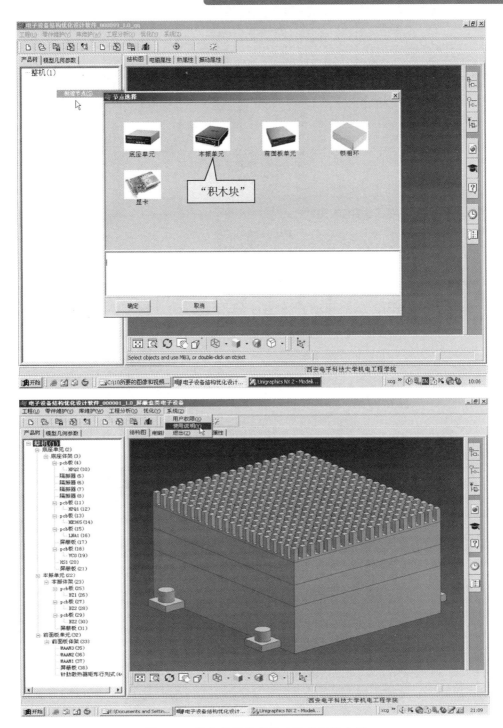

图 2-13　航空机箱的整机参数化建模实例

（3）实例 3：馈线结构的整机参数化

图 2-14～图 2-16 所示为反射面天线馈线系统的整机参数化建模实例相关过程：将基本元素定义成可扩展零部件库（见图 2-14），以连接图的方式定义元素之间的关联关系和设计尺寸（见图 2-15），最终由系统自动生成馈线系统的三维模型（见图 2-16）。

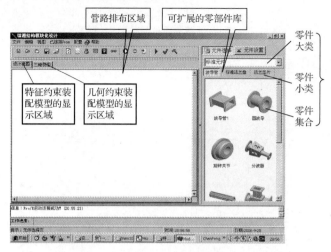

图 2-14 馈线系统整机参数化建模实例界面

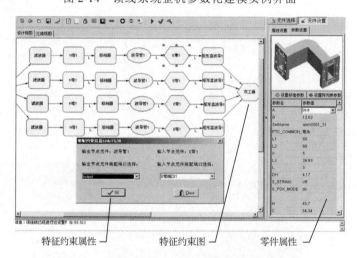

图 2-15 基于特征约束的馈线系统装配模型

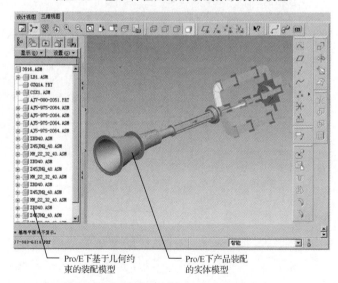

图 2-16 参数化生成的馈线系统三维模型

4．线缆建模

1）建模需求

线缆建模是电子设备几何样机建模的难点。第一，电子设备中的线缆数量非常多，如预警机的线缆多达十几万根。第二，由于电子设备多功能、小型化的需求，线缆的安装密度非常高。第三，线缆有柔性、半柔性、刚性等不同种类，同时，线缆之间存在电磁干扰，线束分类和捆扎等受到电性能的约束，建模时须考虑这些特性对转弯半径和空间形状的影响。第四，线缆接头的插针有严格的连接关系约束，并且数量众多。最后，准确的线缆长度计算对于工程装配非常关键，过长的线缆会造成设备不美观，以及维修和保养困难；过短的线缆则无法正确安装，现场裁剪制作则会导致线缆装配效率的降低。

2）建模过程

线缆建模过程如图 2-17 所示。

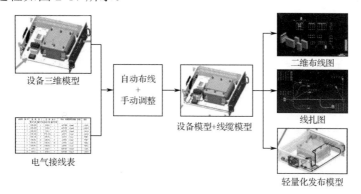

图 2-17　线缆建模过程

线缆建模时需建立以下要素：

（1）设备三维模型。设备的三维模型是线缆走线的依据和载体，线缆建模过程中需给定线缆走线的依附面（设备的某些表面）、通过孔、不允许走线的位置等信息。

（2）电气接线表。电气接线表用来定义每一根线缆连接的连接器及端口信息，这部分信息应由电气设计工程师给定，在建模时需将其对应到设备几何模型正确的零部件特征上。

（3）线缆属性。线缆属性包括线缆的规格型号、直径、连接器、使用材料等。

（4）走线路径。走线路径指线缆在设备空间内走线的路径信息，是线缆建模最关键的部分，目前技术情况下，可通过规则半自动地生成走线路径，然后再手动调整优化。

（5）线扎和支架。涉及多个线缆进行捆扎的位置、捆扎工具型号和模型，以及走线途中进行固定和支撑的支架型号和模型。

（6）线扎图。用于线缆制作的线扎图应该通过三维走线模型投影得到。

5．电子元器件建模

1）电子元器件建模需求

元器件三维建模是电子设备几何样机构建的另一个难点。一方面，电子设备中元器件数量众多。例如，相控阵天线安装的元器件、芯片和组件的数量高达数十万个，建模工作量非常大。另一方面，元器件排布是由电路设计师用 EDA 软件完成的，结构工程师在 CAD 软件下再次构建其三维几何模型不仅费时费力，而且非常容易造成和电路设计的不一致，从而导致差错。

很多企业选择不对电子元器件建模，用电路设计的 PCB 排版图替代工程图纸，虽可在一定程度上满足研制需求，但也造成很多问题，比如，无法进行准确的设备质量、体积、转动惯量计算，无法进行 PCB 装入模块时的干涉检查，以及无法进行可视化的电子装配作业指导等。

2）电子元器件同源建模

电子元器件同源建模的思路如图 2-18 所示。首先，按照规格、型号、封装形式构建典型元器件的三维模型库、属性库和符号库（见图 2-19）；其次，将 EDA 排版信息输出后缀为 EMN 和 EMP 的文件；最后，在 CAD 下开发接口程序，读取 EMN 和 EMP 中的 PCB 轮廓、元器件规格、型号、封装和位置信息，生成 PCB 及元器件的三维模型（见图 2-20）。

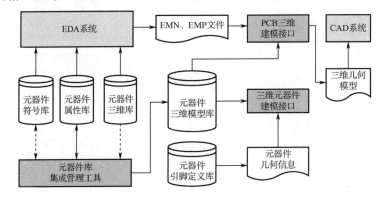

图 2-18　电子元器件同源建模的思路

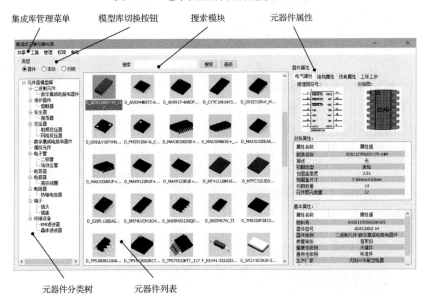

图 2-19　典型元器件的三维模型库、属性库和符号库

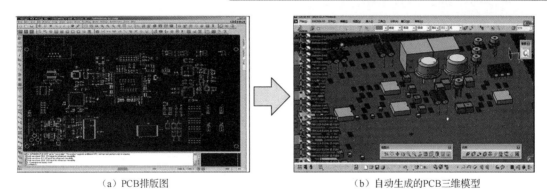

（a）PCB排版图　　　　　　　　　　（b）自动生成的PCB三维模型

图 2-20　电子元器件的同源建模效果

2.2.2　性能样机建模

1. 性能样机的定义

ISO17599 将性能样机定义为"机械产品数字样机的一个子集"。"它是从已发放的数字样机中抽取出的侧重性能信息表达的数字化描述。"也就是说，性能样机能准确预测并表达机械产品某一个或几个性能，并和最终制造完成的实际产品的性能指标高度相似。如图 2-21 所示，对电子设备而言，性能样机主要包括结构性能样机、热性能样机、电磁性能样机和人机性能样机等。

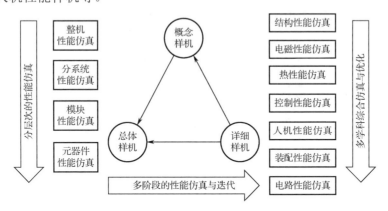

图 2-21　性能样机建模

高可信的性能样机是现代设计区别于传统设计的最大特点，通过性能样机对产品性能的精准预测，可显著减少设计迭代次数，缩短设计周期，降低研制成本。

2. 性能样机的分类

1）结构性能样机

结构性能样机是指可获得电子设备结构性能信息表达的数字样机（见图 2-22），如不同工况下应力、应变、振动响应、冲击响应、谐响应、疲劳等性能的计算和预测。

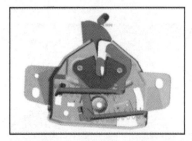
应力/应变

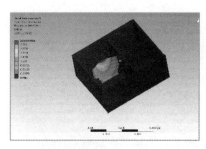
模态分析

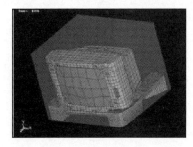
冲击响应

跌落

图 2-22　典型电子设备的结构性能样机

2）热性能样机

热性能样机是指可获得电子设备热性能信息表达的数字样机（见图 2-23），如不同工况下温度场和流场等性能的计算和预测。

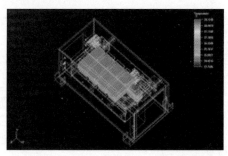

图 2-23　某电源模块的热性能样机

3）电磁性能样机

电磁性能样机是指可获得电子设备电磁性能信息表达的数字样机（见图 2-24），如不同工况下任意空间位置电场强度和方向，以及磁场强度和方向的计算和预测。

图 2-24　电磁性能样机

4）人机性能样机

人机性能样机是指可获得人机交互接口性能信息的数字样机（见图 2-25），包括不同工况下操作舒适便捷、安装方便、工作安全、维修快捷等的量化计算和预测。

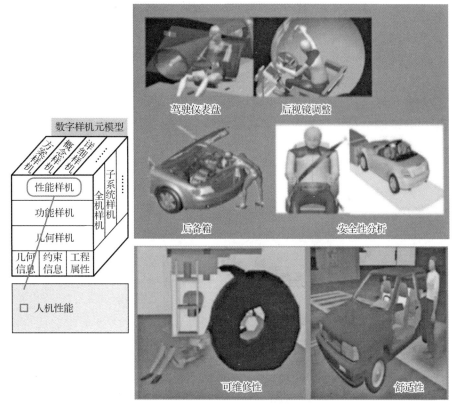

图 2-25　人机性能样机

3. 性能样机的建模方法

性能样机建模是电子设备数字化设计的瓶颈问题之一。一是建模效率低。建模步骤包括几何建模、网格划分、载荷添加和约束添加，需花费大量时间。同时产品设计是一个叠代过程，需几次甚至数十次修改模型。二是建立正确的性能样机模型非常困难，需进行一系列操作，包括模型简化、单元类型选择、网格划分、载荷与约束处理等，要求操作者具有深厚的力学基础、很强的计算机应用能力和丰富的工程设计经验。

性能样机建模有直接建模法和同源建模法两种。直接建模法是在 CAE 下直接构建仿真模型，而同源建模法是利用已建立的 CAD 模型或相关 CAE 模型进行建模，又分为交互式、基于参数传递、基于特征绑定、基于模型传递等方法。下面分别进行介绍。

1）性能样机的直接建模

所谓直接建模，是指在 CAE 下直接构建零部件的性能仿真模型。其优点是可以直接面向性能样机需求构建模型，与仿真无关的特征可以简化甚至不构建；缺点是 CAE 软件构建模型的功能较弱，效率低，同时性能样机源自几何样机，直接构建性能样机模型属重复工作，存在可能的输入错误，导致性能样机与几何样机不一致，造成结果错误。

2）性能样机的同源建模

（1）多学科同源建模的需求

同源建模有两个方面的需求：一是几何模型和性能样机（以下简称 CAD/CAE）的同源建模；二是不同性能样机（以下简称 CAE/CAE）之间的同源建模。

首先是 CAD/CAE 同源建模。一般情况下，设计者会先构建几何模型，确定其组成、布局和设计参数，然后构建性能样机模型。因此，通过提取几何样机中的相关信息自动或半自动地构建性能样机模型，可显著提升性能样机的建模效率。

然后是 CAE/CAE 同源建模。通过建立两个或两个以上性能样机模型的耦合关系，可实现目标 CAE 模型的快速构建。例如，将结构性能样机获得的变形以几何边界形式加载到电磁仿真和热仿真软件上，可以快速构建电磁性能样机和热性能样机，并且仿真结果可反映结构变形影响。

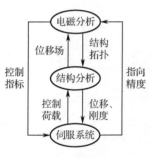

图 2-26　不同性能样机的
同源建模需求

电子设备是一类特殊的机电产品，以电为主、机电耦合。电性能是电子设备设计的目标，而机械结构是确保电性能实现的载体和依托，结构性能、散热控制、电磁性能、电路性能之间存在耦合关系（见图 2-26），影响电子设备最终的电性能。电子设备性能样机建模时，普遍存在 CAD/CAE 和 CAE/CAE 同源建模需求，下面以大型反射面天线、滤波器、液冷电子机箱等典型电子设备零部件为例进行介绍。

① 大型反射面天线

反射面天线用于电磁波信号的发射和接收。大型天线结构的反射面口径可达数十米，重达几百吨，在重力、风力和温度等载荷作用下，反射面会发生物理变形，而反射面变形会影响电磁波接收和发射性能，过大的结构变形会导致天线的增益降低，副瓣电平升高，方向性变差。因此，大型反射面天线的结构性能仿真和电性能仿真之间存在明显的耦合关系（见图 2-27），需从机电耦合的角度出发对性能样机进行同源建模。

（a）大型反射面

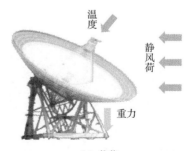

（b）载荷

图 2-27　大型反射面天线性能样机的同源建模需求

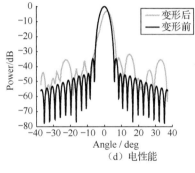

（c）结构变形　　　　　　　　　　（d）电性能

图 2-27　大型反射面天线性能样机的同源建模需求（续）

② 滤波器

滤波器是一种重要的无源微波器件。其加工精度（结构场）与电磁场之间存在紧密的耦合关系（见图 2-28），加工误差数值和分布、结构变形等都可能对最终的电性能指标产生重要影响，因此，滤波器的几何模型、结构仿真模型、电磁仿真模型存在强烈的同源建模需求。

图 2-28　滤波器

③ 液冷电子机箱和模块

电源液冷模块（见图 2-29）和航空液冷机箱（见图 2-30）是典型的高密度组装的电子设备，这类机箱和模块安装的电子组件和元器件的数量众多，装配密度大，器件功率高，发热量大，因此需要采用液体冷却方式进行散热。

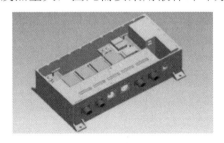

图 2-29　电源液冷模块　　　　　　　　　　图 2-30　航空液冷机箱

图 2-31 给出了液冷电子机箱和模块的结构性能、热性能、电路性能和电磁兼容性能之间的耦合关系。首先，"热-电"耦合。过高的元器件温度会引起电阻、电容、芯片电性能参数的变化，进而引起电路性能下降。其次，"流-固-热"耦合。结构参数的变化会引起冷却液流动性能的变化，进而引起设备振动，以及热性能的变化。第三，"结构-热-电磁"耦合。为了提升散热性能，需要在结构上开孔，但是开孔又会引起电磁兼容性能的下降。

④ 线位移传感器（LVDT）

LVDT 是一种依靠电磁感应检测物体加速度的装置，如图 2-32 所示。由电磁学理论可知，铁芯位移和输出电压有效值之间存在线性关系，通过检测感应电压即可获得铁芯位移，再结合内置时钟可换算得到物体加速度。

显然，感应电压与铁芯位移的线性度是决定 LVDT 产品质量的关键，而线性度又受到载体振动、发热变形等的影响。载体振动会引起铁芯材料性能及运动方向的变化，而发热变形会引起线圈长度和位置的变化，从而影响感应电压精度，进而影响加速度计算结果。

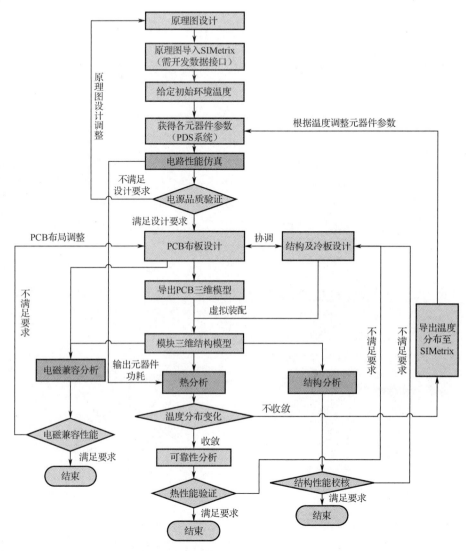

图 2-31 液冷电子机箱和模块的多学科仿真同源建模需求

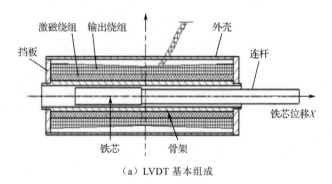

（a）LVDT 基本组成

图 2-32 LVDT 性能样机的同源建模需求

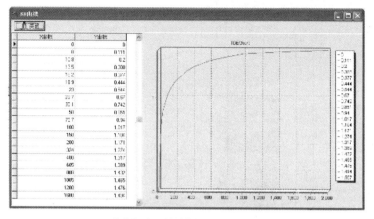

（b）载体振动→材料特性变化（BH 曲线）

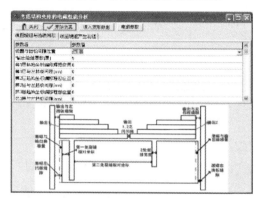

（c）发热变形→线圈长度变化、出现裂缝

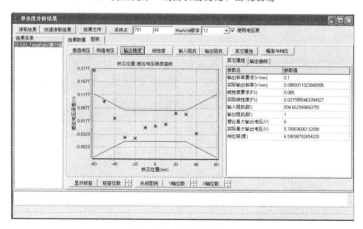

（d）感应电压仿真精度

图 2-32　LVDT 性能样机的同源建模需求（续）

（2）多学科同源建模的基本思路

图 2-33 所示为多学科同源建模的基本思路：首先是 CAD/CAE 同源建模。可在几何模型基础上，通过接口技术，形成与几何模型相关联的结构性能样机、热性能样机和电磁性能样机模型。然后是 CAE/CAE 同源建模。可通过重构变形体网格，生成同源的热和电磁仿真模型。

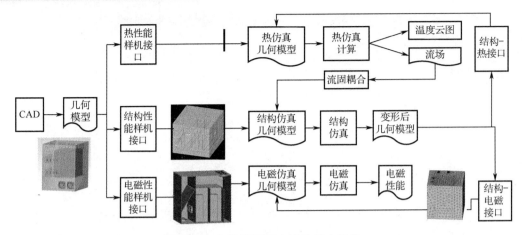

图 2-33   多学科同源建模的基本思路

（3）CAD/CAE 同源建模

所谓 CAD/CAE 同源建模，是指在几何样机（CAD）模型中提取特征信息，经过一定转换后生成性能样机（CAE）模型的方法。该方法利用 CAD 模型已有信息，可避免信息的重复输入，提高建模效率，实现 CAD 和 CAE 模型的联动，是性能样机建模的发展趋势。

常见 CAD/CAE 同源建模的方法有交互式同源建模、基于特征绑定的 CAD/CAE 同源建模和基于参数传递的 CAD/CAE 同源建模等，下面对这些方法进行介绍。

① 交互式同源建模

很多 CAE 软件提供了交互式同源建模工具，如 ANSYS WorkBench，其功能是将 CAD 软件建立的几何模型导入 CAE 软件，然后去除无关元素，设置仿真特征、约束、边界、载荷和网格类型，形成所需的性能样机模型（见图 2-34）。

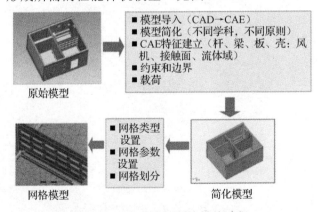

图 2-34   交互式同源建模的过程

交互式同源建模的优点是利用几何样机的信息，减少了性能样机建模的工作量，同时性能样机与几何模型之间可保持一定的联动。缺点是工作量仍然很大，几何元素的简化和去除、仿真特征设置、约束/边界添加、网格类型设置等都需要人工操作；另外，需操作者具备足够的仿真知识和模型处理经验，完成质量因人而异；最后，与直接建模相比，所构建的性能样机往往网格规模比较大，需更好的计算机设备支持和更多的仿真时间。

② 基于特征绑定的 CAD/CAE 同源建模

基本思路为：首先在几何模型中预设 CAE 特征；然后在几何模型构建完成后提取预设的 CAE 特征，形成性能样机建模命令流；最后在 CAE 下运行命令流，生成性能样机模型。

（a）CAE 特征绑定

以模型库方式，将 CAE 特征绑定在预先构建的零部件模型上（见图 2-35 中的加强筋中面特征）。在用模型库建立几何模型过程中，自然形成 CAE 特征集合。

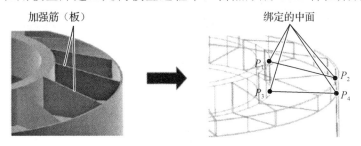

图 2-35　基于特征绑定的同源建模——CAE 特征绑定

（b）CAE 特征提取

遍历 CAD 模型特征树，如节点有 CAE 特征，获取其数据。表 2-1 给出了从中心体 CAD 模型获得的分析特征信息。

表 2-1　图 2-35 所示中心体的分析特征信息（节选）

（单位：m）

名　称	几何拓扑信息	类　型
内圆筒（JExtrude6）	中点(0, 0.3325, 0)，高度 0.1775，厚度 0.095	壳
外圆筒（JExtrude3）	中点(-0.0013, 0.789, 0.1)，高度 0.765，厚度 0.02	壳
底端方板（FangBan001）	顶点{(-0.634,0, 0.195), (-0.796, 0,0.195), (-0.797, 0, 0.865), (-0.6345, 0, 0.865)}，厚度 0.008	板

（c）CAE 特征重构

依据从 CAD 模型获得的 CAE 特征及参数，生成并运行 CAE 命令流，在 CAE 下重构面向仿真的几何模型。该过程由程序自动完成：从 CAD 模型读入分析特征后，根据其类型、形状和尺寸等信息，将其转换为 CAE 建模命令，形成命令流文件，如 ANSYS 的 APDL。表 2-2 为中心体几何重构的部分命令流代码。在 CAE 下运行命令流文件即可实现 CAE 特征重构。图 2-36 为运行表 2-2 所示文件后，在 CAE 环境下重构得到的模型。

表 2-2　中心体几何重构的命令流代码（节选）

```
/clear                   !初始化环境
/PREP7
WPOFFS,0,0,0.865         !建立下支撑板
CYL4,0,0,0.475,0,0.797,360,0
```

```
WPOFFS,0,0,0.2055          !建立上支撑板
CYL4,0,0,0.3325,0,0.79,360,0
!以下生成外圆筒
*get,KPNO,KP,,NUM,MAX
K,KPNO+1,-0.00137,0.7899,0.1    !生成圆柱控制点
K,KPNO+2,0.00137,-0.7899,0.1
K,KPNO+3,0.00137,-0.7899,0.865
K,KPNO+4,-0.00137,0.7899,0.865
CSYS,1                     !转换到圆柱坐标系
!生成一半外圆柱面
A,KPNO+1,KPNO+2,KPNO+3,KPNO+4
!镜像生成另一半外圆柱面
AGEN,2,ANO1+1,,,,180
!生成内圆柱面
K,KPNO+1,-0.00058,0.33248,-2.96056E-6
K,KPNO+2,0.00058,-0.33248,-2.96056E-6
K,KPNO+3,0.00058,-0.33248,0.2055
K,KPNO+4,-0.00058,0.33248,0.2055
CSYS,1
A,KPNO+1,KPNO+2,KPNO+3,KPNO+4
AGEN,2,ANO2+1,,,,180
CSYS,0
!生成加强板
*get,KPNO,KP,,NUM,MAX
K,KPNO+1,-0.00109,0.62749,0.2055
K,KPNO+2,-0.00137,0.78999,0.2055
……
```

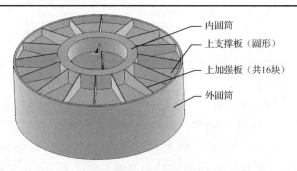

内圆筒
上支撑板（圆形）
上加强板（共16块）
外圆筒

图 2-36　CAE 环境下重构的中心体几何模型

　　采用基于特征绑定同源建模方法，构建某 7m 圆抛物面天线反射面的结构性能样机模型，如图 2-37 所示。该方法有三方面优点。一是建模效率提高。采用手工建模方式，完成一次天线结构 CAE 建模需 3～4 天，使用该方法 30 分钟内即可完成。二是建模难度降低。CAE 建模过程由程序自动完成，普通设计人员就能进行建模。三是模型一致性和准确性得到保证。CAE 模型由程序自动建立，模型一致性大大提高。同时建模程序融入专家经验，准确性得到保证。

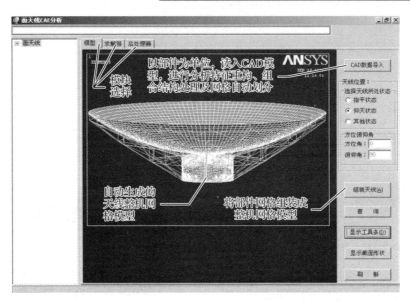

图 2-37　基于特征绑定的 CAD/CAE 同源建模

该方法的缺点是 CAE 特征需预先绑定在模型中，在使用范围上受到比较大的限制。

③ 基于参数传递的 CAD/CAE 同源建模

这种建模方法的基本思想是通过参数传递关联信息，实现不同模型的协同。以图 2-38 所示差动变压器式位移传感器（Linear Variable Differential Transformer，LVDT）为例：首先建立几何样机、结构性能样机和电磁性能样机的参数化程序，用同一套参数控制各类模型生成；然后实时获取这些模型中动态变化的参数；最后传递参数驱动模型同源变更。

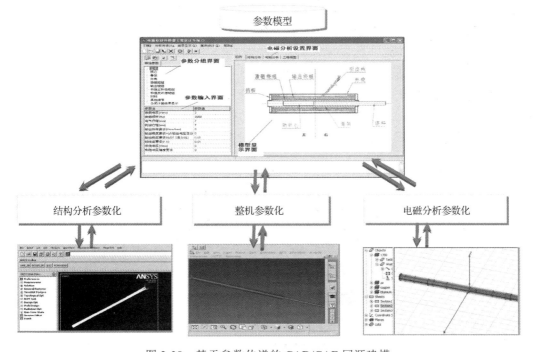

图 2-38　基于参数传递的 CAD/CAE 同源建模

比如，将几何样机的尺寸传递到结构性能样机和电磁性能样机，驱动生成相应的CAE模型；又如，结构性能仿真后，获取变形状态下铁芯的角度参数，并传递到电磁建模软件更新电磁仿真模型。

④ 基于特征转换的 CAD/CAE 同源建模

有些情况下，CAD 和 CAE 模型并不完全相同。如图 2-39 所示，液冷机箱 CAD 模型中流体无须建模，但热性能仿真必须构建流体。这种情况需进行特征转换：在 CAD 软件下通过布尔运算获得流道内流体，实现流道特征向流体特征的转换，最终实现 CAD 和 CAE 同源建模。

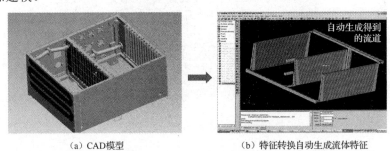

（a）CAD模型　　　　　（b）特征转换自动生成流体特征

图 2-39　基于特征转换的 CAD/CAE 同源建模（液冷机箱）

（4）CAE/CAE 同源建模

CAE/CAE 同源建模是指某个学科的 CAE 模型获得仿真结果后，通过数据提取和处理，自动建立另一学科 CAE 模型的方法，如图 2-33 所示。首先在 CAD 下构建几何模型；然后用上一节描述的方法实现 CAD/CAE 同源建模；再应用 CAE/CAE 同源建模技术实现"结构-热""结构-电磁""结构-电路""流-固"等的耦合建模。

常见的 CAE/CAE 同源建模方法有基于参数传递的 CAE/CAE 同源建模、基于模型传递的 CAE/CAE 同源建模和基于多物理场耦合的 CAE/CAE 同源建模。

① 基于参数传递的 CAE/CAE 同源建模

这种建模方法的基本思想是：从源 CAE 仿真结果提取特征参数，通过特征参数影响目标 CAE 模型。如图 2-40 所示，从 LVDT 振动仿真中提取轴线控制点，获得振动时的铁芯倾角；再将该数据输入电性能参数化建模程序，生成振动情况下的电性能仿真模型。

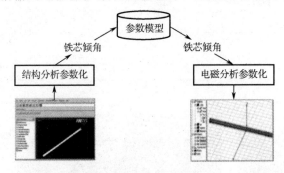

图 2-40　基于参数传递的 CAE/CAE 同源建模

② 基于模型传递的 CAE/CAE 同源建模

当不同学科的性能样机通过几何边界发生耦合时，模型传递是一种有效的同源建模方式，其基本思路如图 2-41 所示。首先进行结构仿真；然后由程序提取变形后的模型数据，并在电磁仿真和热仿真环境下重构变形后的模型，作为电磁仿真和热仿真的几何边界；最后依据变形设备模型进行电磁仿真和热仿真分析。

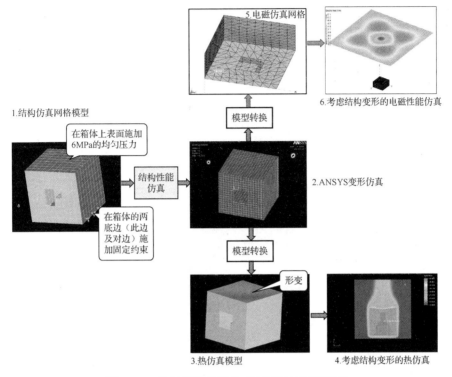

图 2-41　基于模型传递的 CAE/CAE 同源建模

4．模型简化

模型简化是指在 CAD 模型基础上，面向性能样机需求，对特征进行去除、替换、降维等处理，在精度满足需求的前提下，使网格单元数量减少、单元质量提升、计算时间缩短的操作。

1）基于特征去除的模型简化

基于特征去除的模型简化基本思路如图 2-42 所示。遍历 CAD 模型特征树，依据规则识别需要被去除的特征集合，再经过手工调整，去除这些特征，达到模型简化的目的。

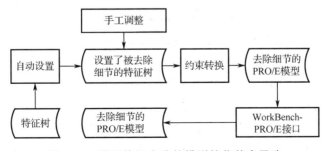

图 2-42　基于特征去除的模型简化基本思路

在上述步骤中，"识别法则"对模型简化的工作量、效率和准确性至关重要。下面介绍电子设备特征简化常用的两种法则，即基于特征尺寸的模型简化和基于特征构建历史的模型简化。

（1）基于特征尺寸的模型简化

模型简化的一个重要法则是去除细小的特征和零部件。基于特征尺寸的模型简化流程如图 2-43 所示。通过特征尺寸及其他因素，判别可去除的细小特征或零部件，并进行标记和去除，实现模型的快速简化。细小特征识别法则可参考表 2-3。

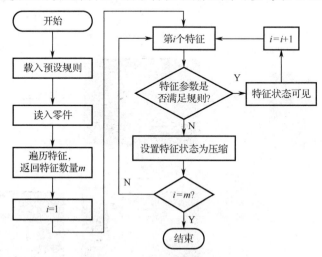

图 2-43　基于特征尺寸的模型简化流程

表 2-3　细小特征识别法则

序　号	特　征	过　滤　规　则
1	倒角	● 非受力分析时，半径小于 R_1 的倒角 ● 受力分析时，半径小于 R_2 的倒角
2	圆角	● 非受力分析时，半径小于 R_1 的圆角 ● 受力分析时，半径小于 R_2 的圆角
3	缝隙	● 受力分析时，直径小于 D_1 的孔 ● 非受力分析时，直径小于 D_2 的非散热孔/通风孔
4	引脚	● 受力分析时，非关重件的引脚 ● 非受力分析时，全部器件的引脚
5	圆孔	● 受力分析时，直径小于 D_1 的孔 ● 非受力分析时，直径小于 D_2 的非散热孔/通风孔

基于特征尺寸的模型简化界面如图 2-44 所示。系统会对模型进行检测，识别需去除的细小特征，用"X"进行标记。用户对待去除特征进行检查，并进行必要调整。模型简化时，系统完成对标记有"X"的零件和特征的去除。

基于特征尺寸的模型简化实例如图 2-45 所示：图（a）中的各细小特征（圆角、倒角、孔及箱体周围的凸台）对仿真结果影响不大，但非常影响网格数量；图（b）为圆角、螺栓孔及螺栓安装凸台被去除。本例中，简化前模型网格数量为 160 万个，200 次迭代需 90 分钟；简化后网格数量为 70 万个，仿真时间为 30 分钟。两者最终计算结果相差不超过 5%。

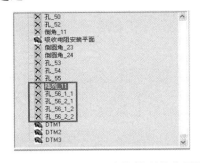

图 2-44　基于特征尺寸的模型简化界面

（a）简化前的电源箱体模型

（b）去除细小特征后的电源箱体模型

图 2-45　基于特征尺寸的模型简化实例

（2）基于特征构建历史的模型简化

CAD 模型中，特征构建有先后顺序和依赖关系。如图 2-46 所示，后续特征依赖先前特征确定尺寸和定位约束，形成父子关系。通过特征遍历可获取每个特征的父特征。若特征 B 中存在尺寸或参照依赖于特征 A，则称 A 为 B 的父特征，B 为 A 的子特征。如图 2-47 所示，通过树的前序遍历算法依次添加其子特征，即可构造出整个零部件的特征树。

图 2-47 中的模型特征按照自上向下、自树根向树叶的顺序构建。基于特征构建的 CAD 模型，其每个特征都具有自身的体积，将整个零件的体积 V 视为 1，第 k 个特征的体积 V_k 与 V 的比值作为该特征的体积权重，就可以得到如图 2-48 所示的带权零部件特征树。

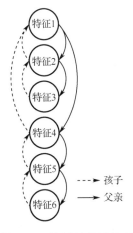

图 2-46　特征的父子关系

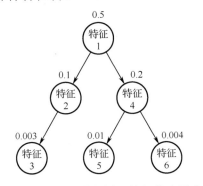

图 2-47　零部件特征树（特征构建历史）

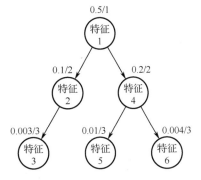

图 2-48　零部件特征树（简化权重）

特征构建的顺序与模型简化存在一定联系：越是靠近树叶的特征越次要，模型简化时越可忽略和去除；而越靠近根部的特征越重要，越不能去除。将特征树中第 k 个叶子节点的路径长度定义为 L_k，将体积权重 V_k 与路径长度 L_k 的比值作为特征的简化权重。简化权重越小，则去除该特征对仿真结果的影响越小。以此为依据，可实现对 CAD 模型中细小特征的识别和去除。

基于特征构建历史的模型简化流程如图 2-49 所示：遍历特征树，识别特征间父子关系及特征权重，优先去除靠近树叶的特征节点（模型树末期构建的特征），从而达到模型快速简化的目的。该方法的优点是操作简单，操作者只需选定简化区域，拖动简化度按钮即可快速对特征进行简化。缺点是无法精确控制简化对象，只适合进行初步的模型简化。基于特征构建历史的模型简化效果如图 2-50 所示。

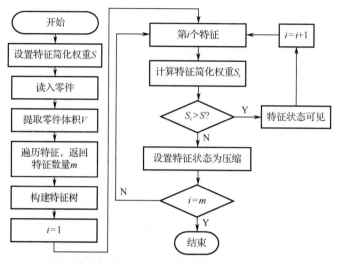

图 2-49　基于特征构建历史的模型简化流程

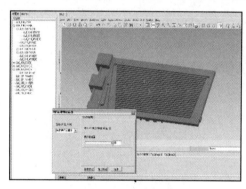

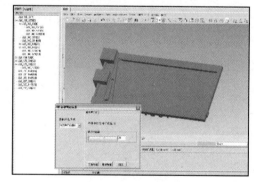

（a）简化前的零件　　　　　　　　（b）拖动控制条去除简化特征

图 2-50　基于特征构建历史的模型简化效果

2）基于模型替换的模型简化

基于模型替换的模型简化基本思路如图 2-51 所示。首先构建 CAE 模型库。根据建模经验，构建不同详细等级的 CAE 模型库，元素可以是通用件或标准件（如减振器、冷板、散热器、风机），也可以是常用零部件（如芯片和 PCB）；然后输入模型替换参数，包括仿真类别（如结构仿真、热仿真）、模型层级（整机级、模块级、板级）；最后进行模型替换。遍历 CAD 模型中的零部件，根据类型在 CAE 模型库中找到对应的简化模型并进行替换，完成模型简化。

从建模效率看，模型库中的 CAE 模型已经进行了预简化，简化时只需要替换，效率非常高。从适用性看，该方法需预先知道产品的基本组成，并针对典型零部件构建 CAE 零部件模型库，因此只适用于系列化、改进型产品的设计仿真。

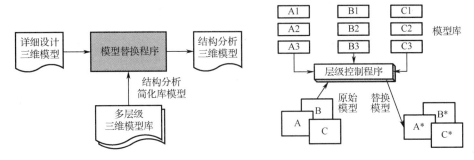

图 2-51　基于模型替换的模型简化基本思路

3）基于降维的模型简化

降维是指当模型存在对称性的时候，可只对其一部分区域进行建模、网格划分和结果求解，其余区域的结果可利用对称性直接获得。这种模型简化方法比较常见，本书不再赘述。

2.3　电子设备工艺样机建模

2.3.1　概述

电子设备工艺样机是指对电子设备的加工、装配、检验等工艺过程进行准确表达，并对某一个或某几个方面的工艺性能进行准确预测的数字样机。

除普通机械加工和装配外，电子设备工艺样机还包含电子元器件的加工和装配。以装配为例，包括 4 级不同尺寸数量级的工艺。如图 2-52 所示，0 级装配指 IC 芯片封装，即在晶圆上刻录电路形成芯片；1 级装配指微组件封装，将完成独立功能的微机电系统封装在一个基板上；2 级装配指板级装联，将芯片、元器件、微系统安装在 PCB 上；3 级装配指电子整机装配。

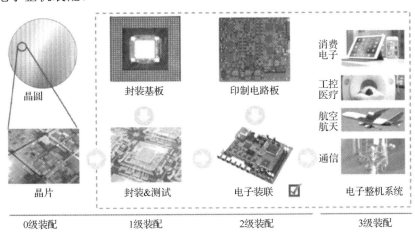

图 2-52　电子设备的装配层级

与普通机械产品相比，电子设备工艺样机的模型构建更加复杂，具备两个方面的特点。第一，高保真。电子设备工艺样机对电子设备工艺过程和工艺性能的预测应该和实际制造情况高度相似。第二，全流程。电子设备工艺样机建模应反映电子设备制造工艺的全过程，包括机械零件加工、芯片（IC）封装、微系统封装、PCB 电子装联和整机装配。

2.3.2 IC 封装的工艺样机建模

IC 封装是指用导线将硅片上电路引脚接到外部接头处，以便 IC 与其他元器件连接。IC 封装主要包括两个方面：一是安装、固定、密封、保护芯片及增强电/热性能；二是实现内部芯片与外部电路的连接。IC 封装对应电子设备的 0 级装配，由芯片制造企业完成，普通电子设备制造企业不涉及这方面的工艺设计，本书不再赘述。

2.3.3 微系统封装的工艺样机建模

微系统封装是指在一个体积非常小的封装体内部，实现有源电子器件、无源元件及其他元器件（如 MEMS 或光学器件）的互联互通，最终形成一个功能完整的电子系统的电子装联技术（见图 2-53）。微系统封装对应电子设备的 1 级装配。

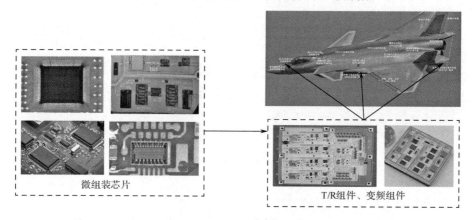

微组装芯片　　　　　　　　　T/R组件、变频组件

图 2-53　微系统封装示例

微系统封装是电子设备制造的重要手段。随着我国通信、导航、预警和计算机等新一代电子设备向多功能、高性能、智能化、高可靠、小型化和低功耗方向发展，电子设备核心组件的高密度、高精度封装问题变得日益突出，对微系统封装工艺的要求也越来越高。

微系统封装工艺设计水平的提升对电子设备性能的提升影响巨大。据统计，封装密度每提高 10%，电路模块体积可减少 40%~50%，质量减小 20%~30%，组件性能可显著提升；而微系统封装密度的提升在很大程度上取决于工艺设计水平。因此，通过构建合理的微系统封装工艺样机模型来改进和优化工艺方案，是电子设备数字化研制中的热点问题。

1. 微系统封装的工艺过程

虽然不同微系统封装的工艺不尽相同，但是其基本过程是类似的，图 2-54 为电子组件封装的典型工艺流程。其中，贴片、焊接、金丝键合、气密封盖是封装过程中难度最大、对产品质量影响最显著的关键工艺环节。

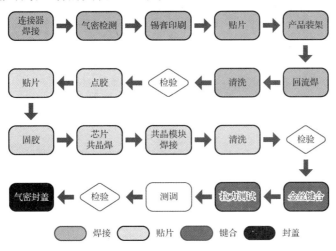

图 2-54　电子组件封装的典型工艺流程

2. 微系统封装工艺样机建模的基本思路

微系统封装需在一个微小空间内安装各类元器件，形成一个独立的微机电系统，其工艺样机模型"麻雀虽小，五脏俱全"，属于典型的机、电、热耦合仿真模型。其建模的基本思路如图 2-55 所示。在单学科仿真模型基础上，建立力学、电磁和散热的耦合模型。微系统通常由微波无源电路和有源芯片组成，为实现系统的整体性能仿真，可使用场路耦合方式建立多场多尺度耦合模型。具体来说，针对馈线部分电路，使用场耦合分析获得其 S 参数；针对有源芯片，使用数据建模方法建立芯片的 S 参数随温度影响的数据模型。然后根据 S 参数网络级联方式，通过散射参数的推导，获得含有源微波芯片电路和无源微波电路的多场和场路耦合模型。该模型本质上是一个多尺度模型，其整体性能通过场路耦合计算得到。

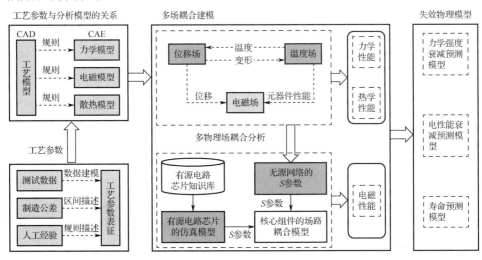

图 2-55　微系统封装工艺样机建模的基本思路

2.3.4　PCB 电子装联的工艺样机建模

印制电路板（Printed Circuit Board，PCB）由绝缘底板、连接导线焊盘组成，是电子元器件结构连接和电气互连最为常见的载体，被广泛应用在各类电子设备中。

如图 2-56 和图 2-57 所示，PCB 电子装联（PCBA）通过焊接、胶接、压接等连接技术，将各类元器件组装在 PCB 上，实现特定功能。工艺样机技术对于提升 PCBA 的工艺设计水平有重要作用，通过仿真建模，可在设计阶段对 PCBA 设计的可制造性、可装配性和可检测性等进行分析，及时发现设计问题。

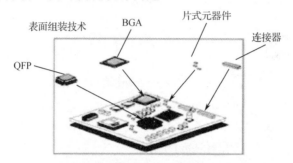

图 2-56　PCB 电子装联方法

图 2-57　PCB 电子装联实物

本书只对 PCBA 可制造性工艺样机的建模进行介绍。PCB 电子装联可制造性工艺样机的建模需求主要来自三个方面，即焊盘、PCB 裸板和 PCB 装配。

1．PCB 裸板工艺样机建模

PCB 裸板是指未安装任何元器件的 PCB，其工艺样机可对布线短路/断路、孔层到信号层焊盘/线路、线路到底板轮廓间距、线宽、密封圈环宽等几百项工艺要求进行仿真分析，有效提升了 PCB 设计质量，降低了设计返工率。

如图 2-58 所示，PCB 裸板由绝缘基板、布线层、阻焊层、过孔层、丝印层等基本要素组成。根据电路层数，PCB 裸板可分为单面板、双面板和多层板，复杂的多层板可达几十层（见图 2-59）。进行 PCB 裸板工艺样机建模时，需要对以上要素进行合理构建。下面对这些要素进行介绍。

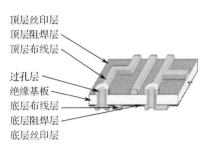

图 2-58　PCB 裸板的组成要素

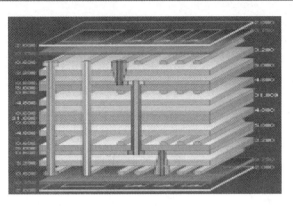

图 2-59　多层 PCB 裸板

1）绝缘基板

绝缘基板要素用于定义 PCB 的基本形状和物理属性，包括 PCB 层数、各层板编号/排序和材料、各层板尺寸和轮廓、基准点、工艺边、定位孔等。

（1）基准点

基准点又称 Mark 点，是绝缘基板上用于拼版、贴片和检测对准的参考点。其建模信息包括基准点编号、尺寸和放置位置，如图 2-60 所示。

（2）工艺边

工艺边是为 PCB 加工或元器件装配方便，而在绝缘基板上留出的边缘位置，以便于进行导轨传送、焊接等时的工艺处理，如图 2-61 所示。

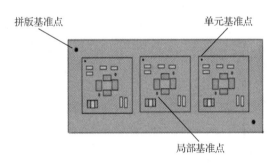

图 2-60　基准点

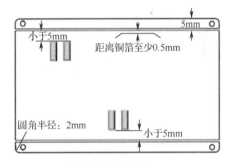

图 2-61　工艺边

（3）定位孔

定位孔为用于 PCB 装配定位的工艺孔，如图 2-62 所示。

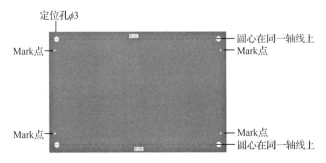

图 2-62　定位孔

2）布线层

布线层是指涂敷于绝缘基板上，用于连接安装在 PCB 上的元器件，实现电路物理连接，传递电信号的铜质线路。进行布线工艺样机建模时，需要给定布线所在的 PCB 层号、走线位置、布线宽度、布线材料属性等信息。

3）阻焊层

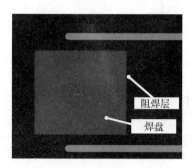

图 2-63　焊盘和阻焊层

焊盘和阻焊层如图 2-63 所示，其作用是防止这些区域被导电的焊锡覆盖，造成短路。进行阻焊层建模时，需给定其所在的板号、轮廓和材料。

4）过孔层

过孔是指多层板中各层连通导线交汇处的公共孔，如图 2-64 所示。过孔又分为通孔、盲孔和埋孔三类。盲孔位于多层板顶层和底层表面，用于表层线路和内层线路的连接；埋孔是位于多层板内层的连接孔，不延伸到线路板表面；通孔穿过整个线路板，实现其内部互连。

过孔层建模要素包括孔所在的板号、位置、深度、涂层厚度和涂层材料等。

5）丝印层

丝印是指 PCB 上印制的，帮助用户在 PCB 组装、检测和使用过程中理解的文字和图形，如元器件型号、编号、极性、版本、制造商等。丝印层如图 2-65 所示。

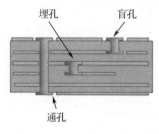

图 2-64　过孔

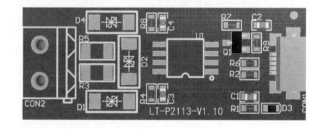

图 2-65　丝印层

2. PCBA 工艺样机建模

PCBA 是在 PCB 裸板上装配元器件后形成的可以完成某项电功能的电子组件。通过构建 PCBA 工艺样机，可对元器件布局合理性、装配干涉、装配应力等进行仿真分析。PCBA 工艺样机建模可分为元器件装配的布局仿真建模、干涉仿真建模和物理仿真建模。其中，布局仿真建模可在 EDA 软件下完成，干涉仿真建模一般在 CAD 软件中进行，物理仿真建模则在 CAE 软件中进行。

1）布局仿真建模

当进行元器件布局仿真时，依据布局规则，对元器件位置、功耗、电性能、温度敏感性等进行分析和评判。

布局规则包括：

（1）几何因素。元器件尽量均匀排布，紧凑、无交叉。

（2）信号流走向因素。尽可能根据电信号流向安排元器件位置。

（3）特殊元器件位置因素。优先保证对电性能起决定性作用的特殊元器件位置。

（4）电磁干扰预防因素。相互之间存在电磁干扰的元器件尽量分开放置或采取屏蔽措施。

（5）热干扰抑制因素。将温度敏感元器件放置在远离热源区域。

（6）机械强度因素。对于大质量元器件，放置时需考虑重力和振动产生的机械应力，尽量靠近支撑位置。

（7）可操作性因素。应给须调整或拆卸的元器件预留操作空间。

（8）安全性因素。高压元器件放置在不容易触碰位置。

布局仿真模型应反映以上仿真需求，至少包括以下信息：

（1）元器件基本属性，包括型号、规格、尺寸、材料、热参数、电参数、质量。

（2）元器件排布位置，包括元器件的坐标和方向。

2）干涉仿真建模

装配干涉仿真的目的是检查印刷、贴片、回流焊、插件、波峰焊、测试、维修各阶段，PCBA 上的元器件之间、PCBA 与模块或机箱壳体之间的碰撞干涉问题。

显然，PCBA 干涉检查的复杂度要远大于元器件布局仿真，需在布局仿真建模的基础上，进一步增加元器件的高度信息。也就是说，PCBA 装配干涉检查应基于三维模型构建，为此需将二维的 PCBA 布局模型转换成三维模型。

3）物理仿真建模

PCBA 的主要装配方式有焊接、压接、胶接和插接，不管哪种方式，都要求确保元器件长期可靠连接。元器件装配连接点脱落、撕裂、蠕变导致的失效是电子设备的主要故障原因，因此 PCBA 装配物理仿真成为 PCBA 工艺设计的热点问题。

图 2-66 所示的钎焊、激光焊、"鱼眼"压接等是 PCBA 最为常见的连接方式，可通过有限元软件对装配应力、应变、焊点形状、结合力等进行仿真。通过构建 PCBA 装配物理仿真模型，可对 PCBA 电气互连的各项性能进行预测，从而显著提升 PCBA 的可靠性。

进行 PCBA 物理仿真建模时，需在 CAE 软件下构建 PCB 裸板、元器件、连接器或焊料等的三维模型，并根据装配特点，设置合理的约束和载荷。进行三维模型构建时，可简化不必要的模型细节，但是对于连接位置的模型特征，如引脚、"鱼眼"插针等，必须保留足够的细节。

（a）激光焊质量仿真

（b）"鱼眼"压接应力仿真

（c）钎焊质量仿真

（d）钎焊焊点的润湿仿真

图 2-66　PCBA 的装配物理仿真

3. 焊盘工艺样机建模

焊盘也称焊接垫，是 PCB 上焊接元器件和芯片引脚的金属接触区域（见图 2-67）。焊盘的尺寸、形状和位置对 PCBA 装配质量有显著影响，是 PCB 工艺样机建模时需考虑的重要内容。

图 2-67　PCB 上的焊盘

如图 2-68 所示，不合理的焊盘设计将导致诸多问题：

（1）浮动。元器件位于间距太大的焊盘上时会偏离设计位置［见图 2-68（a）］。

（2）不完整焊点。焊盘太小或间隔太近导致焊点形状不完整。

（3）桥接。焊盘间距过小等原因导致焊料桥接，形成短路［见图 2-68（b）］。

（4）立碑。元器件两侧焊盘尺寸不一致，一侧焊料比另一侧焊料熔化快，将元器件另一侧向上拉离［见图 2-68（c）］。

（5）芯吸。由于 PAD（焊盘）和引脚温差过大、PAD 氧化等，导致 PAD 少锡而引脚桥接连锡［见图 2-68（d）］。

对 PCB 电子装联工艺样机模型需考虑以下要素：

➢ 焊盘形状和大小：焊盘的形状和大小要与元器件焊脚匹配，过大的焊盘和间距会导致元器件浮动，过小的焊盘和间距又会导致焊点不完整、焊锡桥接等问题。

（a）浮动

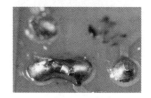

（b）桥接

（c）立碑

（d）芯吸

图 2-68　不合理的焊盘设计所导致的问题

> 焊盘布局：对焊盘的布局，需考虑元器件的尺寸、数量和位置。例如，元器件两侧的焊盘不对称会导致"立碑"问题。

> 焊盘材质：进行焊盘设计时，需考虑焊盘材质的导电性、耐腐蚀性和耐热性，以及与 PCB 和元器件引脚材料的匹配性。焊盘和引脚材料不匹配会导致两者温差过大，出现"焊料芯吸"问题。

不同装联方式下，进行焊盘建模时需考虑的要素也不同。下面以片式元件焊盘和 SOP 焊盘为例，简要介绍焊盘工艺样机建模需考虑的要素。

> 片式元件焊盘：进行片式元件焊盘建模时，需考虑的要素如图 2-69 所示，影响其性能的参数包括焊盘宽度 A、焊盘长度 B、焊盘间距 G 和焊盘剩余尺寸 S。

> SOP 焊盘：进行 SOP 焊盘建模时，需考虑的要素如图 2-70 所示，影响其性能的参数包括焊盘间距 G、焊盘长度 y、引脚长度 T、焊盘剩余长度 b_1 和 b_2、焊盘宽度 x 和引脚宽度 w。

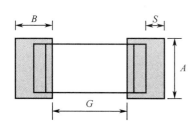

图 2-69　片式元件焊盘建模需考虑的要素

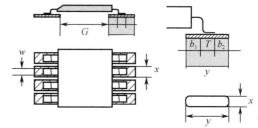

图 2-70　SOP 焊盘建模需考虑的要素

2.3.5　零件加工工艺样机建模

除 IC 芯片、微系统、PCBA 外，电子设备其他零部件的加工和普通机械产品没有区别。下面以常见的加工形式——机加工为例，对零件加工工艺样机建模进行介绍。

绝大部分现代企业实现了机加工的数控化。我们讨论机加工工艺样机时，默认为数控加工。零件数控加工工艺样机建模主要包括机加工工艺设计建模、机加工工艺几何仿真建模和机加工工艺物理仿真建模。

1．机加工工艺设计建模

机加工工艺设计建模是指基于零件的三维设计模型，构建工序/工步模型的过程。如图 2-71 所示，机加工工艺设计模型包括工艺路线、工艺属性和工序/工步模型。工序/工步模型面向工序和工步建立，反映了工序和工步下零件的加工状态和要求。

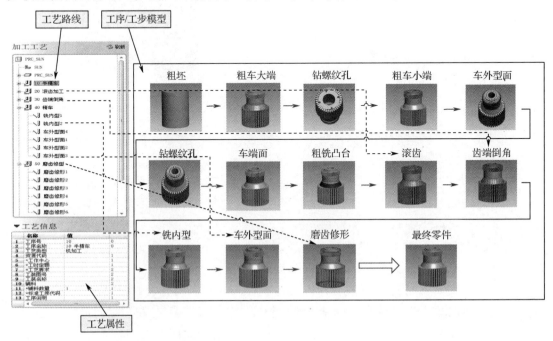

图 2-71　机加工工艺设计模型

机加工工艺设计模型可以手工建立，也可以基于规则自动创建。图 2-72 所示为通过加工特征识别自动生成工序模型的案例：系统从设计模型提取设计特征信息，在交互输入工艺路线后，根据规则，自动生成加工特征，进而生成工序模型。

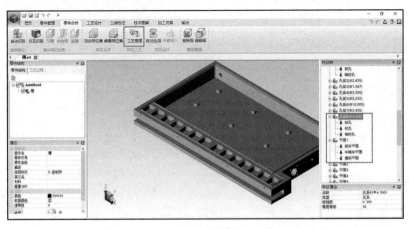

（a）工艺推理

图 2-72　基于规则的加工特征识别与工艺设计模型的自动创建

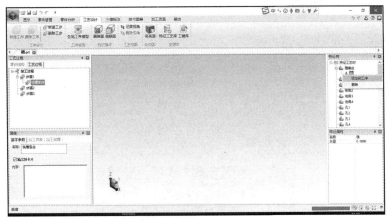

（b）工艺路线交互生成

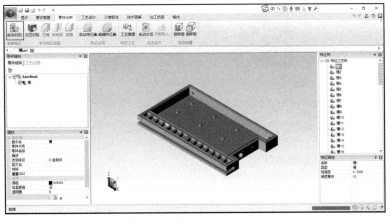

（c）加工特征识别

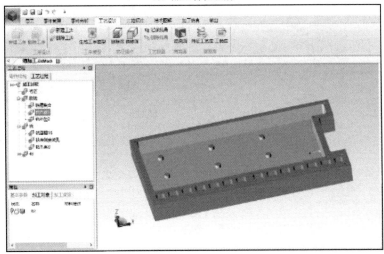

（d）工序模型生成

图 2-72 基于规则的加工特征识别与工艺设计模型的自动创建（续）

2．机加工工艺几何仿真建模

机加工工艺几何仿真建模是指在假设机加工各要素（机床、工件、刀具、工装设备、夹具）为理想刚体的情况下，对刀具切削工件过程进行的计算机仿真。通过机加工工艺几何仿真，可验证 NC 代码的正确性，防止刀具与工件、工装之间的干涉，检验刀具轨迹和切削纹理，计算加工工时。

机加工工艺几何仿真建模需输入的要素包括机床、工件、毛坯、刀具、工装、夹具的几何模型，走刀路径，被切削掉的体积块，机床参数，如进给量、主轴转速、走刀速度等，机床控制系统的型号和规格。几何仿真软件以三维可视化的方式，模拟显示加工过程和加工结果，如图 2-73 所示。

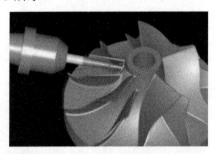

（a）叶片加工仿真

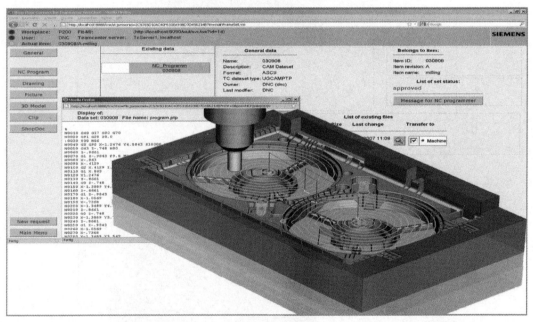

（b）电子模块加工仿真

图 2-73　机加工工艺几何仿真建模

3．机加工工艺物理仿真建模

机加工工艺物理仿真是指在几何仿真的基础上，进一步考虑机床、工件、刀具、工装、夹具等的受力变形和振动位移，对工件加工精度和表面质量等进行预测的仿真。

如图 2-74 所示，进行机加工工艺物理仿真建模时，除输入几何仿真建模的条件外，还需考虑切削力、切削振动、切削热、装夹力等因素的影响。

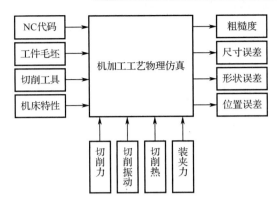

图 2-74　机加工工艺物理仿真建模的基本思路

1）切削力

切削力是指刀具切削工件时产生的相互作用力。切削力会导致工件和刀具变形，造成实际加工结果与理想情况不一致，是引起数控加工误差的主要原因之一。切削力的大小受刀具参数影响。

2）切削振动

切削振动是指加工过程中，机床、刀具、工件、夹具组成的系统在机床主轴及进给电动机的作用下形成的振动。切削振动是导致数控加工误差的另一个原因。切削振动主要源自主轴齿轮和轴承，影响要素有：

（1）零部件磨损导致的冲击；

（2）主轴偏心；

（3）机床、刀具、夹具、工件之间的共振。

3）切削热

切削热是指刀具切削工件时，因切屑剪切变形及刀具前/后面摩擦工件而产生的热量。切削热导致刀具温度升高后膨胀，引起实际吃刀量大于理论值，工件实际尺寸减小，产生废品。切削热产生的机理如图 2-75 所示，其计算可按照公式（2-1）进行：

$$Q_A = Q_D + Q_{FF} + Q_{FR} \qquad (2\text{-}1)$$

式中，Q_D 为切削层变形、摩擦、断裂产生的热；Q_{FF} 为前刀面和切削层摩擦产生的热；Q_{FR} 为后刀面和工件摩擦产生的热。

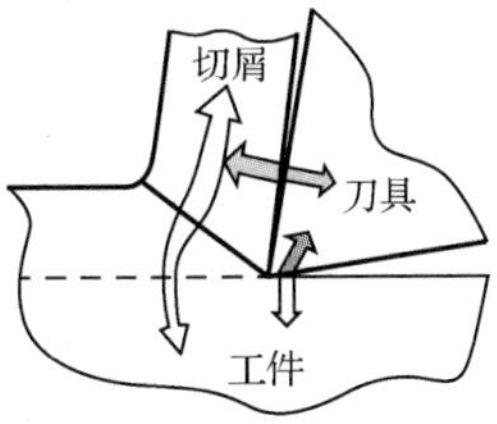

图 2-75　切削热产生的机理

这些弹塑性变形和摩擦产生的热量会通过切屑等传导出去，其中，切屑带走约 80%，刀具和工件各传递 10%左右。通过上述原理，可构建切削热的仿真模型。

4）装夹力

装夹力是指夹具对工件的夹紧力。对于薄壁工件，过大的装夹力会对工件加工质量造成影响。如图 2-76 所示，夹持状态下，加工完成时的零件是理想状态；当夹具释放时，工件发生变形，从而造成加工误差。

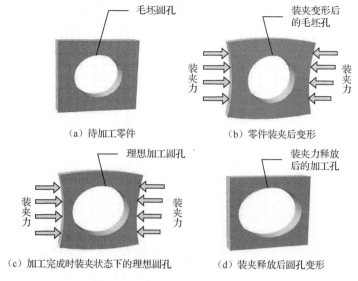

（a）待加工零件　　　　　　　　（b）零件装夹后变形

（c）加工完成时装夹状态下的理想圆孔　　　（d）装夹释放后圆孔变形

图 2-76　装夹力导致的工件变形

2.3.6　整机装配工艺样机建模

电子设备整机装配工艺样机建模的需求和普通机械产品基本相同，主要包括装配工艺设计建模、装配工艺几何仿真建模和装配工艺物理仿真建模。电子设备的整机装配如图 2-77 所示。

图 2-77　电子设备的整机装配

1．装配工艺设计建模

装配工艺设计建模是指基于电子设备或组件的三维模型，构建面向工序/工步的装配工序模型的过程。典型的装配工艺设计模型如图 2-78 所示，包括工艺路线、工艺属性和工序/工步模型。工序/工步模型基于三维模型建立，反映了工序和工步下装配体的装配状态和要求。

图 2-78　典型的装配工艺设计模型

2．装配工艺几何仿真建模

装配工艺几何仿真是指假设参与设备装配的各要素（零部件、工装、夹具）为理想刚体，对安装过程和结果所进行的计算机仿真。通过几何仿真，可以验证装配工艺（零部件安装顺序、路径和姿态）的合理性，防止零部件之间、零部件与工装夹具之间的干涉。装配工艺几何仿真模型如图 2-79 所示。

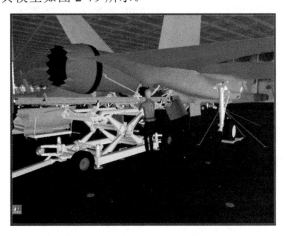

图 2-79　装配工艺几何仿真模型

需输入的要素包括：①装配体、工装、夹具、安装设备的三维模型；②装配体的安装顺序；③装配体的装配路径；④装配者（虚拟人）。

3. 装配工艺物理仿真建模

装配工艺物理仿真在几何仿真的基础上，将装配体、工装、夹具和安装设备看作弹性体，对装配力、重力、装夹力作用下各工序装配体的变形和应力进行预测，进而发现可能出现的变形和应力过大、安装精度不合格、无法安装、装配体开裂和坍塌等工艺设计问题。

如图 2-80 所示，进行装配工艺物理仿真建模时，除输入装配工艺几何建模给定的条件外，还需要考虑装配预紧力、装配体重力、装配顺序和装夹力等要素的影响。

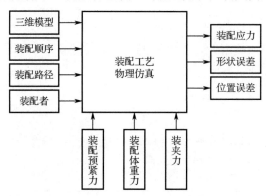

图 2-80 装配工艺物理仿真建模

图 2-81（a）所示为某反射面天线装配工艺物理仿真建模的基本思路：根据反射面天线面板的装配工艺，包括零部件装配顺序、紧固顺序和预紧力大小，以装配工序为单位，在 CAE 中自动构建面向工序/工步的仿真模型。

图 2-81（b）所示为该天线有限元仿真模型构建的实现效果：步骤（1）为背架装配完成，但是还未铺设面板时的背架模型。步骤（2）为仿真初始状态，所有面板进行网格划分并"杀死"面板单元。步骤（3）为第 1 块面板装配完成后的状态。激活第 1 块面板的网格，面板的连接和载荷设置如局部放大图。步骤（4）为第 2 块面板装配完成后的状态。激活第 2 块面板的网格。步骤（5）为所有面板装配完成后的状态。激活所有面板的网格。

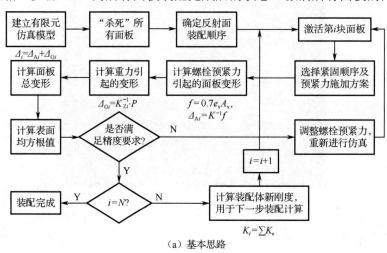

（a）基本思路

图 2-81 某反射面天线的装配工艺物理仿真建模

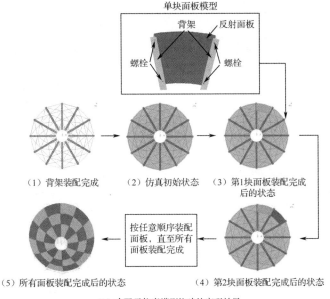

（b）有限元仿真模型构建的实现效果

图 2-81　某反射面天线的装配工艺物理仿真建模（续）

2.4　电子设备制造样机建模

电子设备制造样机是指通过对制造过程仿真，实现对电子设备制造的周期预测、资源优化、过程监控、质量控制的一类数字样机。其建模包括对人、机、料、法、环各要素的几何模型、行为逻辑和运行流程的构建，最重要的是对加工对象和制造资源模型的构建。

2.4.1　加工对象建模

加工对象建模包括建立毛坯、半成品和成品的数字化模型。加工对象模型一般来自CAD 系统建立的三维设计模型，以及工序/工步模型。

2.4.2　制造资源建模

制造资源包括数控机床、产线、夹具、刀具、模具、运输工具和人员。制造资源建模需建立这些资源的三维模型及其行为模式，以及这些资源之间的关联关系。

1.　数控加工设备建模

数控加工设备是零件加工载体，其模型由几何模型和运动模型构成。前者包括设备零部件三维模型，后者则包括设备 NC 指令集及接收指令后的行为模式。数控加工设备种类多样，每种设备有不同的结构和行为模式，建模工作量巨大。图 2-82 显示了部分数控加工设备的样机模型。

（a）数控加工中心

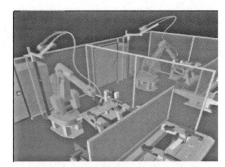

（b）焊接机器人

（c）数控铣

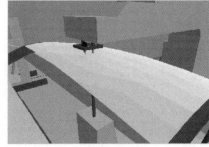

（d）焊接设备

图 2-82　部分数控加工设备的样机模型

2．工装设备建模

与数控加工设备模型相比，工装设备模型相对简单，但是种类更加纷繁复杂，行为模式更加多种多样，并与具体的工艺过程相关。因此，工装设备建模具有动态性，需根据需求不断补充完善。部分工装设备样机模型如图 2-83 所示。

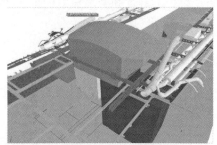

（a）波音 777 虚拟工装设备

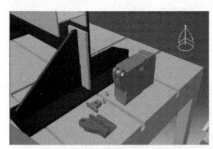

（b）装夹设备

（c）自动引导拖拽设备

（d）航天飞机搬运设备

图 2-83　部分工装设备样机模型

3．制造人员建模

在物理制造系统中，设备安装、操作、维护、工件搬移、产品装配等都需要人的参与。虚拟制造系统是一种人机交互系统，制造者通过 VR/AR 设备参与虚拟的产品制造过程，对制造系统执行效率、生产能力、人机工效、可维护性、安全性等问题进行仿真分析。

制造人员建模包括人体模型建立和人体行为建模。图 2-84 所示为某虚拟制造系统中三种不同身高的人体模型。人体行为建模研究人在制造系统中的各种姿态，如图 2-85 所示。

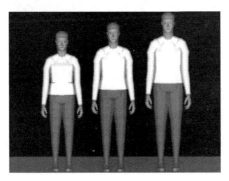

图 2-84　某虚拟制造系统中三种不同身高的人体模型

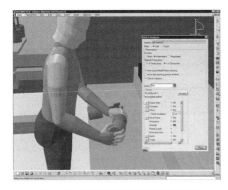

（a）站立姿态和零件装配行为建模

（b）站立姿态和物品搬运行为建模

（c）站立姿态和零件加工行为建模

（d）俯卧姿态和设备维护行为建模

图 2-85　人体行为建模

2.4.3 沉浸式虚拟制造环境

虚拟制造环境是一种使制造者能直接参与加工过程的交互装置和软件，形成如同实际加工的视觉、听觉和触觉效果。图 2-86 所示虚拟制造环境中，制造者佩戴的视景头盔装有微型液晶立体显示器，能观察到景深立体图像，获得身临其境的逼真感受。头盔上的立体声耳机根据加工情况实时播放加工环境中的各种声音。制造者手握的操纵杆装有压力传感器，实时反馈手的位置，同时在右侧图中显示手跟踪触摸和操作情况。

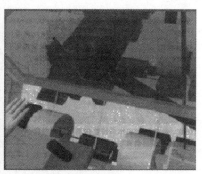

图 2-86　沉浸式虚拟制造环境

2.4.4 数字孪生产线建模

本书第 5.1.1 节将对电子设备制造孪生样机建模进行详细描述，本节不再赘述。

2.5 电子设备运维样机和培训样机建模

电子设备交付用户后，数字样机在人员培训、设备运行、保养维修等阶段同样可以发挥作用，为此需要进一步构建运维样机。本节对电子设备运行样机、维修样机和培训样机的建模方法进行介绍。

2.5.1 电子设备运行样机建模

1. 概述

运行样机指设备交付后，对设备运行状态进行实时监控和可视化展示的数字样机，具备以下特点：

（1）实时采集运行数据；

（2）可视化展示运行状态；

（3）可下达控制指令并执行。

2．运行样机建模

运行样机（见图 2-87）建模要素包括：

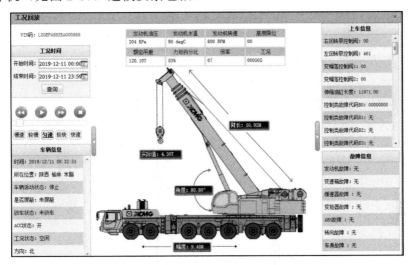

图 2-87　运行样机

（1）几何模型。几何模型可在设计样机模型的基础上简化和轻量化后得到，可去除或合并内部结构，保留与运行状态显示相关的要素，如控制设备运行的操作按钮、显示报警信息的指示灯等。

（2）运行动作。运行动作包括构建设备运行的所有机械动作，如机械手抓取工件、AGV（自动导向车）运行。

（3）操控指令。设备接收的主要运行操控指令，如开机、关机等。

2.5.2　电子设备维修样机建模

1．概述

维修样机是对设备的结构组成、可拆换零部件、维修步骤、维修操作、注意事项进行可视化展示的数字样机（见图 2-88）。维修样机可对维修作业进行可视化指导，显示维修步骤、零部件拆卸顺序和路径及操作注意事项，也可对设备的维修过程进行模拟演练，优化维修计划。

2．维修样机建模

如图 2-88 所示，维修样机建模要素包括：

（1）维修 BOM。维修 BOM 源自设计 BOM，但又有所区别。最小单元是可更换单元，对于维修时不再拆解的零部件，维修 BOM 不再显示。

（2）几何模型。几何模型在设计样机模型的基础上经简化和轻量化后得到，最小结构简化到可更换单元，同时保留拆卸相关要素，如紧固螺钉、插拔器等。

（3）维修步骤。对维修步骤、顺序、紧固件清单、操作详情等的结构化描述。

（4）维修动画。在几何模型的基础上，构建出的与维修步骤对应的模型动画。

（5）可更换单元信息。展示可更换单元的编号、名称、功能、参数、原理等基本信息。

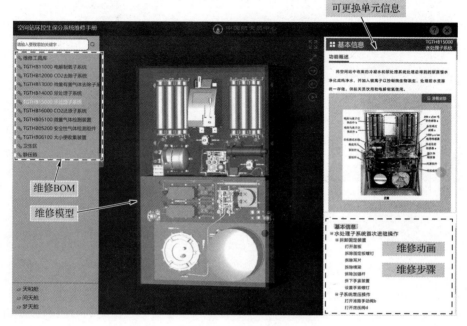

图 2-88　维修样机

2.5.3　电子设备培训样机建模

1. 概述

培训样机是指可在虚拟或半实物环境下对用户进行设备使用培训和考核的数字样机。图 2-89 为其典型应用场景。与传统培训方式相比，应用数字样机进行培训可节省大量培训设备，培训时间不受天气、环境等条件限制，可进行很多传统培训很难进行的教学内容，如失速后飞机的控制、冰雪情况下的汽车驾驶等。

2. 培训样机建模

电子设备培训样机建模的要素包括：

（1）几何模型。几何模型在设计样机模型的基础上经简化和轻量化得到，去除或合并内部结构，保留与设备操控相关的要素，如控制设备运行的操作按钮。

（2）操控环境。构建可反馈真实输入和输出的人机操作环境，使被培训人员有真实的操控感。可用 VR、AR 或半实物仿真技术搭建培训样机的操控环境。

（3）培训教材。配备与培训样机模型和操控环境紧密结合的结构化培训教材。

（4）考核题库。配备对培训效果进行考核的题库。

（a）飞行模拟训练　　　　　　　　　（b）虚拟加工培训

（c）轮式起重机模拟训练

图 2-89　培训样机的典型应用场景

第3章

面向全生命周期的电子设备数字化仿真

本章介绍电子设备数字化仿真技术。首先介绍电子设备设计仿真，包括结构性能仿真、热性能仿真、电性能仿真及机电热多学科仿真；其次介绍电子设备工艺仿真，包括微系统封装工艺仿真、PCB 电子装联工艺仿真、零件加工工艺仿真和整机装配工艺仿真；然后从产线布局、生产节拍和物流角度，介绍电子设备制造仿真；最后介绍电子设备运维仿真。

3.1 电子设备设计仿真

仿真技术对电子设备的设计水平和产品质量至关重要，高可信度的产品设计仿真使设计者可在产品生命周期的最早期，即设计阶段，对产品功能和性能进行准确预测，及时发现缺陷并进行改进和优化。

电子设备是一种以电性能为主要设计目标、机电耦合的产品，设计中涉及机、电、热、光、液、控、人机等多种性能仿真，这些性能相互耦合、相互影响。由于篇幅关系，本节只对电子设备的结构性能仿真、热性能仿真、电性能仿真等进行介绍。

3.1.1 电子设备结构性能仿真

结构性能仿真是电子设备结构体在承受重力、风力、温度、振动、冲击、位移、疲劳等载荷情况下，通过数值仿真计算得到电子设备结构体位移和应力的过程。典型的结构性能仿真包括结构静力学分析和结构动力学分析。下面分别进行介绍。

1. 结构静力学分析

结构静力学分析是对静态载荷（位移、重力、温度等）作用下电子设备应力和变形进行的仿真计算，以保证电子设备结构符合强度和精度设计要求。图 3-1（a）和（b）所示分别为大型反射面天线和天线座的静力学分析案例。

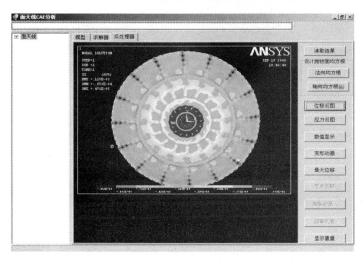

（a）大型反射面天线的静力学分析

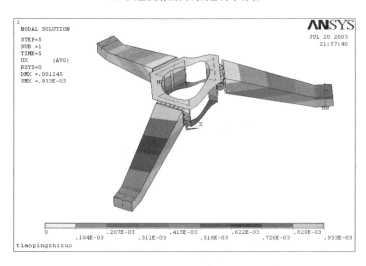

（b）天线座的静力学分析

图 3-1　电子设备的结构静力学分析案例

结构静力学分析基本过程包括几何模型构建与简化、载荷和约束施加、网格划分、有限元计算和仿真结果后处理。其中，几何模型构建与简化已在 2.2.2 节进行了介绍；网格划分和有限元计算是标准处理。这里结合大型反射面天线静力学分析案例，重点介绍风荷加载和反射面天线的仿真结果后处理。

1）风荷加载

风荷对天线强度和精度的影响非常大，在进行天线结构设计时须重点考虑。手工计算风荷并加载不仅工作量很大，而且需要经验，是造成天线结构性能分析的瓶颈问题之一。

风速时程曲线包含平均风和脉动风两种成分。脉动风的强度随时间随机变化，需用随机振动理论来处理。

（1）随机风速生成

脉动风速可用零均值的高斯平稳随机过程来描述，且具有明显的各态历经特性。若按各态历经过程考虑，可用时间的平均代替样本的平均，过程的平均风速 $\bar{v}$ 和标准偏差 σ 可完整定义风速。基于顺风向水平脉动风的功率谱函数，要模拟的风速具有如下形式：

$$v_j(t) = \sum_{m=1}^{j} \sum_{l=1}^{N} |H_{jm}(\omega_l)| \sqrt{2\Delta\omega} \cos[\omega_l t + \psi_{jm}(\omega_l) + \theta_{ml}] \qquad (j=1,2,\cdots,n) \qquad (3\text{-}1)$$

式中，风谱在频率范围内划分成 N 个相同部分；$\Delta\omega$ 表示频率增量；$|H_{jm}(\omega_l)|$ 与脉动风的功率谱函数矩阵有关；$\psi_{jm}(\omega_l)$ 表示两个不同作用点间的相位角；θ_{ml} 表示介于 0 和 2π 之间均匀分布的随机数；n 表示沿高度等分段数。

（2）随机风压生成

作用在结构上的基本风压 ω_0（单位为 N/m^2）与风速的关系为：

$$\omega_0 = \frac{1}{2}\rho v_j^2 \qquad (3\text{-}2)$$

式中，ρ 为空气密度。风压是随机风速的函数，与时间和高度有关。

（3）反射面上的风荷加载

将反射面面板进行有限元网格划分，单元 i 上的风荷为：

$$P_i = C_{ki} \frac{1}{2}\rho v_j^2 A_i \qquad (3\text{-}3)$$

式中，A_i 表示单元 i 的面积；C_{ki} 表示单元 i 处的风压系数。

根据风洞试验，获得焦径比不同的各种天线在不同受风姿态下，其反射面上各区域的风压系数，并将这些数据保存到数据库中，插值后便可计算出反射面上各单元的风压系数。

图 3-2 为自主开发的随机风荷自动生成及加载程序的用户界面。用户输入平均风速，以及反射面相对于风速方向的姿态角，即可由程序自动生成随机风荷，并加载到反射面单元上。

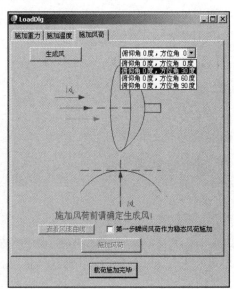

（a）输入风荷方向

图 3-2 自主开发的随机风荷自动生成及加载程序用户界面

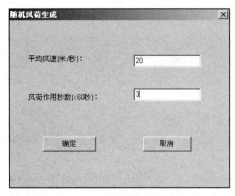

（b）输入平均风速和时间

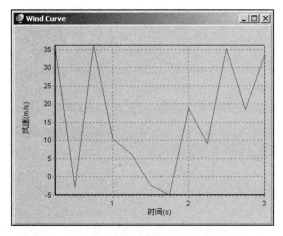

（c）风荷曲线

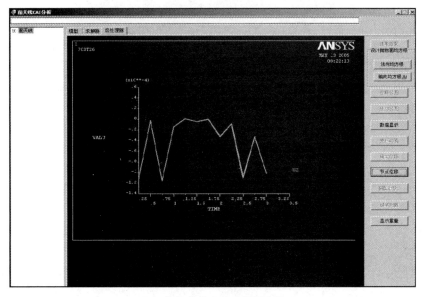

（d）节点 12 的 X 方向位移响应

图 3-2 自主开发的随机风荷自动生成及加载程序用户界面（续）

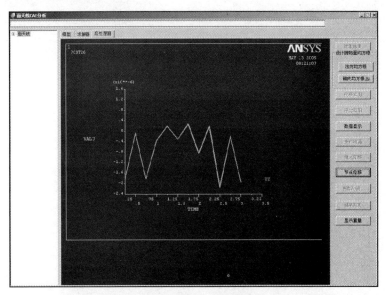

（e）节点 12 的 Y 方向位移响应

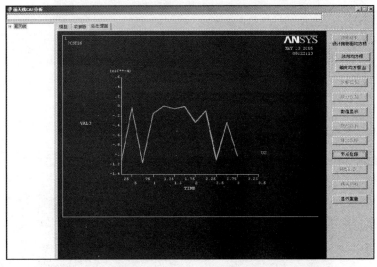

（f）节点 12 的 Z 方向位移响应

图 3-2　自主开发的随机风荷自动生成及加载程序用户界面（续）

2）反射面天线的仿真结果后处理

后处理是数值仿真中非常重要的工作。通用 CAE 软件只提供基本物理量输出，用户需输入一系列命令，经过大量计算后才能得到所需的结果。为此开发了专门的反射面天线后处理软件，后处理界面及结果如图 3-3 所示。程序自动提取仿真结果文件中的数据，并按照规则进行计算，获得所需结果。图 3-3（a）和（b）分别为反射面天线的位移云图和应力云图；图 3-3（c）为指定振型动画，输入振型阶数，系统提取并显示振型动画；图 3-3（d）为谐振频率列表；图 3-3（e）为瞬态分析时指定节点的位移；图 3-3（f）为天线法向和轴向的均方根误差，该数值通过提取各节点位移数据并代入相关数学公式计算得到。

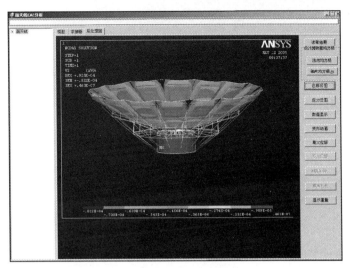

（a）反射面天线的位移云图

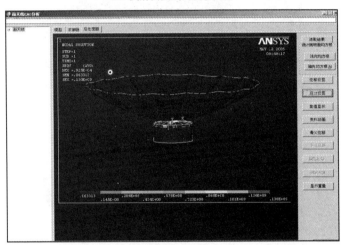

（b）反射面天线的应力云图

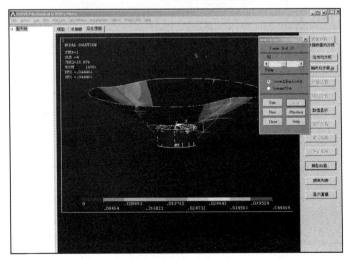

（c）指定振型动画

图 3-3　后处理界面及结果

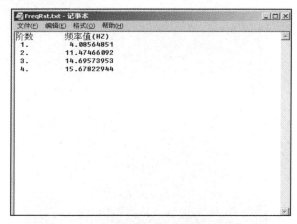

（d）谐振频率列表

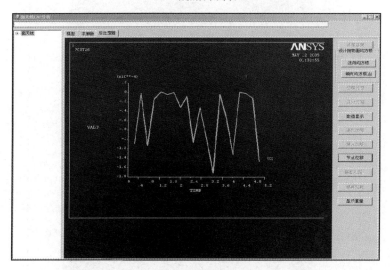

（e）指定节点的位移（瞬态分析）

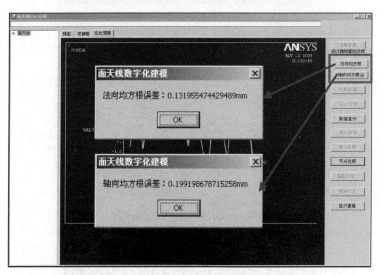

（f）天线法向和轴向的均方根误差

图 3-3　后处理界面及结果（续）

2. 结构动力学分析

结构动力学分析是指在外界周期性或非周期性变化载荷作用下对电子设备结构体应力和应变进行的仿真分析。载荷包括周期性变化的简谐振动、非周期性变化的随机振动、瞬态冲击激励下的响应及随机激励情况下的疲劳分析，而模态分析是进行以上分析的基础。

电子设备动力学分析的基本过程如图 3-4 所示，本节重点对模态分析、谐响应分析、冲击响应分析、随机振动分析和疲劳寿命分析进行介绍。

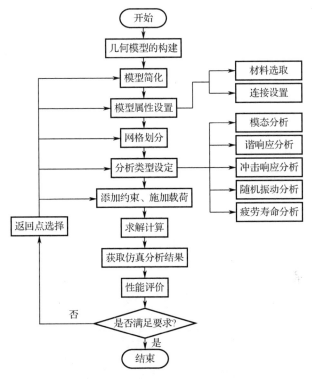

图 3-4 电子设备动力学分析的基本过程

1）模态分析

模态的全称为振动模态，是机械结构的固有特性，每一个模态都有特定参数，包括固有频率、阻尼比和模态振型。得到结构体在某一频率范围内各阶主模态特性参数的过程称为模态分析。

模态分析是谐响应分析、随机振动分析和疲劳寿命分析等动态响应分析的基础。通过模态分析，可对电子设备的结构形式和参数进行优化，使结构主模态避开内、外振源的固有频率，改进设备的动态响应性能。某大型反射面天线的五阶振型图和某电子机箱的一阶振型图分别如图 3-5（a）和（b）所示。

2）谐响应分析

谐响应是指结构体在受一个或多个随时间按正弦变化（简谐）载荷时的稳态响应。谐响应使设计人员能预测结构在持续周期性变化载荷作用下的动力特性，验证设计是否能克服共振、疲劳及其他受迫振动引起的有害效果。其输入包括已知大小和频率的谐波载荷（力或强迫位移），输出为每一个自由度上的谐位移及其他多种导出量，如应力和应变等。

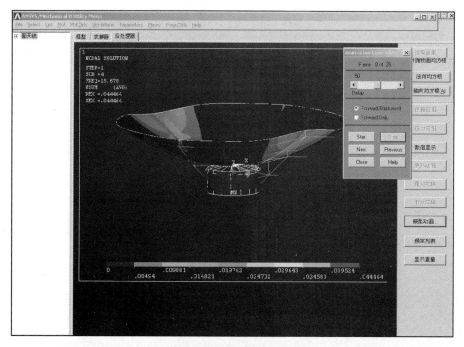

（a）某大型反射面天线的五阶振型图

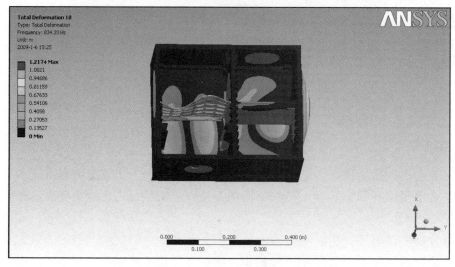

（b）某电子机箱的一阶振型图

图 3-5　电子设备模态分析实例

谐响应分析通常用在旋转部件（如压缩机、发动机、泵、涡轮机械等）及受涡流影响结构（如涡轮叶片、机载共型天线等）的设计中。

（1）谐响应分析的基本流程

谐响应分析的基本流程如图 3-6 所示。首先进行模态分析，得到模态后提取其中的质量矩阵，再将其等效为惯性力后加载到结构上；然后进行谐响应分析，得到谐响应分析结果文件。

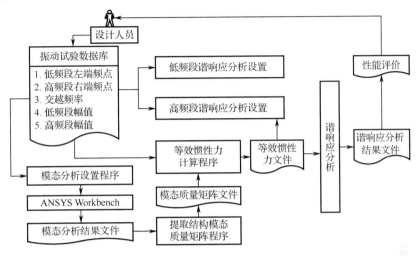

图 3-6　谐响应分析的基本流程

谐响应激励谱通过试验获取。GB/T 2423.10—2019 给出了多种谐响应激励谱曲线。仿真时要做的是将这些谐响应激励谱正确加载到有限元模型上。

（2）谐响应激励谱的加载

GB/T 2423.10—2019 规定的谐响应激励谱如图 3-7 所示，用 5 个参数描述，即低频段左端频点 FA、高频段右端频点 FB、交越频率 F、低频段幅值 A、高频段幅值 B。

从图 3-7 可知，振动幅值在低频段为位移幅值，在高频段为加速度幅值。低频段位移载荷可在仿真软件中直接设置，高频段加速度载荷则需等效成惯性力进行设置。用等效惯性力法设置加速度激励的流程如图 3-8 所示：首先提取结构质量矩阵，得到惯性力；然后将其施加到各节点上；最后进行谐响应分析。应用上述方法开发的电子设备典型谐响应分析设置界面如图 3-9 所示，选择荷载种类为"谐响应分析"，即可输入谐响应分析所需的载荷谱参数。

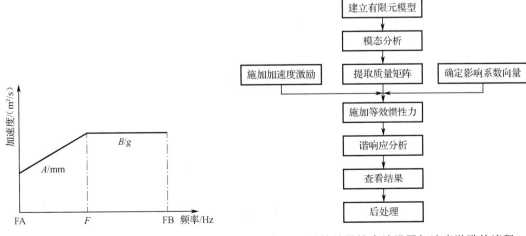

图 3-7　谐响应激励谱

图 3-8　用等效惯性力法设置加速度激励的流程

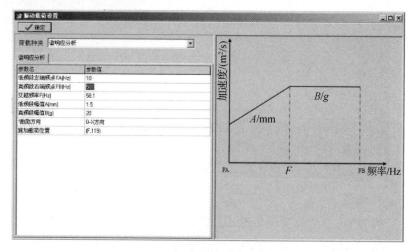

图 3-9　谐响应分析设置界面

　　下面是某机箱谐响应分析实例：设置扫频范围为 10～500Hz，低频段幅值为 1.5mm，高频段幅值为 20g，交越频率为 58.1Hz，加载位置为机箱在地面上的 4 个支腿落地点，可得到谐响应分析结果，包括获取指定单元或最危险单元的频率-应力曲线、获取指定节点或位移最大节点的频率-位移曲线、绘制零部件（PCB/芯片/器件）或整体在共振频率下的位移云图和应力云图、提取结构中某一共振频率下应力超过门限值的节点（区域）并加以显示。选取两种结果，如最危险单元的频率-应力曲线和谐响应分析得到的应力云图，如图 3-10 和图 3-11 所示。

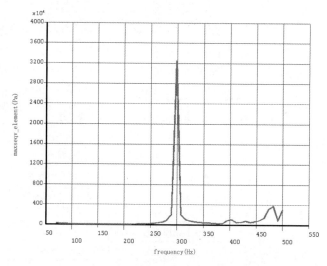

图 3-10　最危险单元的频率-应力曲线

　　图 3-10 为应力最大单元 47 在高频段的频率-应力曲线图，峰值频率为模型第一阶固有频率 288.7Hz，最大值为 32.5169MPa。图 3-11 显示模型上盖板在第一阶固有频率 288.7Hz 下的应力云图，从图中可看出上盖板的最大应力为 0.46263MPa，发生在上盖板与侧板的交界处。

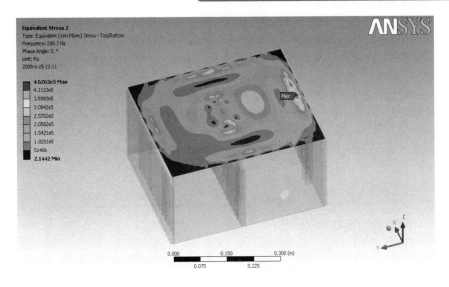

图 3-11 谐响应分析得到的应力云图

3）冲击响应分析

冲击响应分析是指对结构体在受到瞬间巨大加速度（跌落、碰撞、爆炸、火箭发射等）情况下应力和应变情况的仿真。电子设备冲击响应分析如图 3-12 所示。

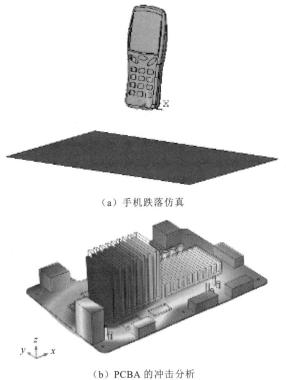

（a）手机跌落仿真

（b）PCBA 的冲击分析

图 3-12 电子设备冲击响应分析

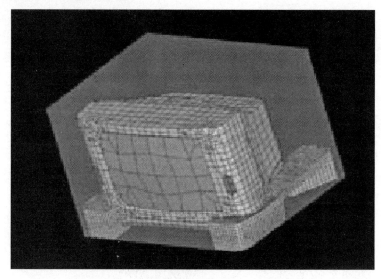

（c）电视机跌落仿真

图 3-12   电子设备冲击响应分析（续）

（1）冲击响应分析的基本流程

冲击响应分析的基本流程如图 3-13 所示。从数据库获得冲击工况所对应的冲击激励谱参数，通过二次积分等效为位移载荷并加载到结构上，然后进行冲击响应分析，得到分析结果。

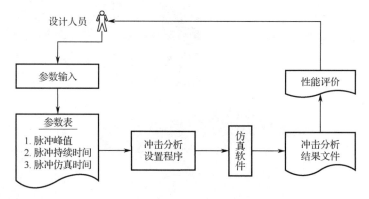

图 3-13   冲击响应分析的基本流程

GJB 150.18—1986 给出了各种工况（跌落、炮击、地震、碰撞）的冲击激励谱曲线，仿真时须将冲击振动激励谱参数加载到有限元模型，下面对其方法进行描述。

（2）冲击激励谱

冲击激励谱是一系列不同固有频率、具有一定阻尼的多个线性单自由度系统（SDOF）受到冲击激励作用时产生的最大加速度、最大速度、最大位移响应与系统固有频率之间的关系曲线。由定义可知，冲击激励谱是每个 SDOF 受冲击作用后产生的响应运动在频域的特性描述。其原理模型如图 3-14 所示，$\ddot{y}$ 为系统基础加速度信号，$\ddot{x}_i$ 是各个不同固有频率系统 SDOF 对基础输入载荷的响应，m_i、c_i 与 k_i 分别表示第 i 个系统的质量、阻尼系数与刚度。

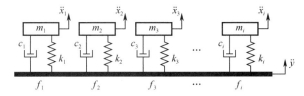

图 3-14　冲击激励谱原理模型

（3）冲击激励谱加载

GJB 150.18—1986 规定了军用设备的冲击试验方法，适用于分析军用设备在使用、维修、装卸及运输等过程中可能遇到的冲击作用。图 3-15 为冲击试验中常用的冲击脉冲，包括半正弦波冲击脉冲和后峰锯齿波冲击脉冲。两种脉冲均可用两个参数描述，分别是脉冲峰值 A、脉冲持续时间 D。图中，t_0 为仿真的总时间，$t_0 \geq 1.5D$。

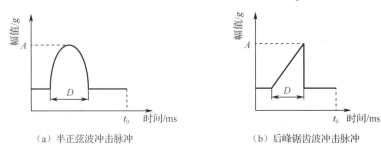

（a）半正弦波冲击脉冲　　　　　　　　　（b）后峰锯齿波冲击脉冲

图 3-15　冲击试验中常用的冲击脉冲

将图 3-15 所示的加速度冲击对时间做两次积分，得到位移曲线，并将其加载到设备上，可实现加速度冲击的仿真分析。这种方法的缺点是积分得到的位移包含基础位移，而对冲击响应起作用的是相对位移，因此须从积分位移中去除基础位移。图 3-16 显示了加速度脉冲积分得到的位移曲线。参数取值如下：脉冲幅值 $A = 15g$、脉冲持续时间 $D = 11\text{ms}$、仿真时间 $t_0 = 33\text{ms}$。

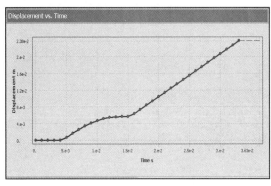 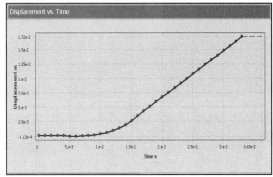

（a）半正弦波脉冲积分得到的位移曲线　　　　　（b）后峰锯齿波脉冲积分得到的位移曲线

图 3-16　加速度脉冲积分得到的位移曲线

（4）实现效果

以下是冲击分析的一个实际案例。

如图 3-17 所示，打开自主开发的冲击响应分析界面，选择加载脉冲，设置脉冲参数和加载位置。选择半正弦脉冲，设置冲击方向为 Z 方向、脉冲持续时间为 11ms、仿真时间为 33ms、脉冲峰值为 15g，将冲击加载在机箱底板端点处。

计算结果：最大位移节点的时间-位移响应曲线；最大应力单元的应力-时间响应曲线；最大位移出现时的位移和应力云图；结构中应力超门限值的节点。最大应力单元的应力-时间响应曲线和最大应力出现时的应力云图分别如图 3-18 和图 3-19 所示。

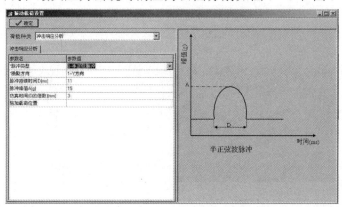

图 3-17　冲击响应分析界面

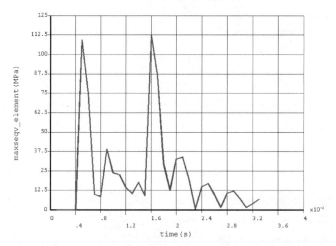

图 3-18　最大应力单元的应力-时间响应曲线

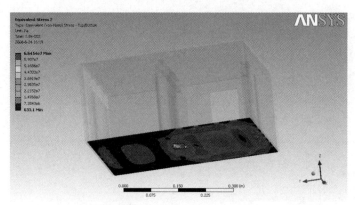

图 3-19　最大应力出现时的应力云图

从图 3-18 可以看出，单元应力在脉冲刚加载时出现峰值，在脉冲激励达到最大时又出现一次峰值，随后逐渐衰减。最大等效应力为 112.266MPa，出现时间为 16ms 处。图 3-19 显示模型底板应力云图，最大应力为 66.454MPa，发生在底板与隔板连接处，发生时刻为 18ms。

4）随机振动分析

随机振动分析是一种采用功率谱密度作为激励，对结构响应进行的概率谱分析方法，如指挥车行驶时车上电子设备内 PCBA 受到路面随机激励后产生的振动（见图 3-20）。利用随机振动分析，设计人员能预测在确定路面、装载平台等情况下结构体的动力特性，验证设计是否能克服各种随机振动源对结构体产生的有害效果。

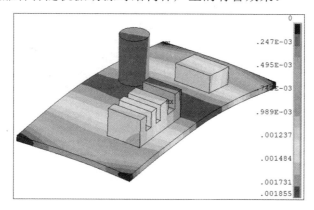

图 3-20　印制电路板的随机振动分析

输入包括结构自然频率模态和功率谱密度曲线；输出为给定时间内的位移和应力曲线。基本过程包括几何模型的构建与简化、模态计算、功率谱密度激励加载、网格划分、有限元计算和后处理，其中，功率谱密度激励加载是处理难点。

（1）随机振动分析的基本过程

随机振动分析的基本过程如图 3-21 所示。首先设计人员在随机振动试验数据库中选择随机振动功率谱，然后加载随机振动功率谱，最后进行谐响应分析，并得到分析结果。

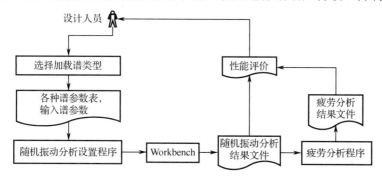

图 3-21　随机振动分析的基本过程

GJB 150.16—1986 给出了各种电子装载平台（卫星、飞机、坦克、汽车）的随机振动功率谱曲线，仿真时须通过正确的方法将其加载到有限元模型上。

（2）随机振动功率谱加载

GJB 150.16—1986 对电子设备的随机振动环境做了规定，将随机振动（如螺旋桨飞机环境、喷气式飞机环境及喷气式飞机外挂环境）分为运输引起的振动和使用引起的振动，这些环境中产生的随机振动在该标准中以功率谱密度曲线的形式给出。

将标准中的功率谱密度曲线作为系统输入，ANSYS Workbench 提供的输入谱描述工具可直接输入功率谱密度曲线。标准给定的喷气式飞机随机振动环境与 ANSYS Workbench 描述的随机振动环境的对比，如图 3-22 所示，图中 $w_0 = 0.1g^2/Hz$。

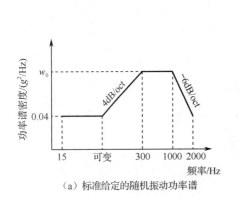
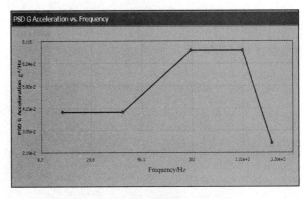

（a）标准给定的随机振动功率谱　　　　　（b）ANSYS下加载的PSD曲线

图 3-22　喷气式飞机的随机振动激励加载

（3）实现效果

实际案例如下：打开自主开发的随机振动功率谱加载程序（见图 3-23），选择加载谱类型，设置谱参数和加载位置。选择"常用测试环境激励谱"，设置扫频范围为 20～2000Hz，中间频点分别为 85Hz 和 850Hz，幅值为 $0.04g^2/Hz$，加载方向为 X 方向，加载位置为机箱底板四个端点。分析结果包括指定节点位移响应谱曲线、指定零部件位移和应力标准差云图、应力超过门限值节点。位移最大节点的位移响应谱曲线和整体应力标准差云图分别如图 3-24 和图 3-25 所示。

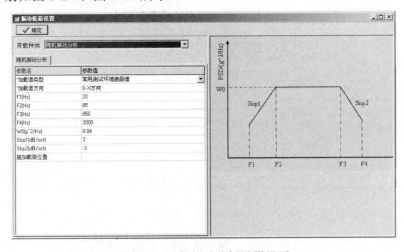

图 3-23　随机振动分析设置界面

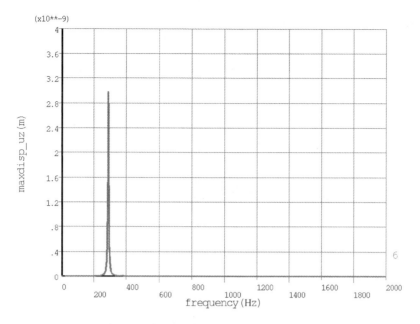

图 3-24　位移最大节点的位移响应谱曲线

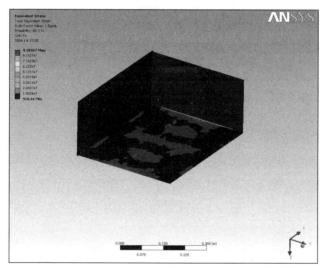

图 3-25　整体应力标准差云图

从图 3-24 可看出，在固有频率（288.7Hz）处，位移响应功率谱密度值形成尖峰。图 3-25 为机箱整体应力标准差云图，最大应力标准差为 91.83MPa（发生在底板与侧板连接处），最小应力标准差为 910.44Pa（黑色区域）。图 3-26 为 PCB 应力标准差云图，最大应力标准差为 33.357MPa，发生在两个楔形块的接触面。

5）疲劳寿命分析

（1）疲劳寿命分析实现流程

根据"基于高斯分布和 Miner 线性累计损伤"三区间法，利用随机振动分析可实现对设备的疲劳寿命分析，其流程图如图 3-27 所示。首先对结构进行模态分析和随机振动分析，然后提取随机振动分析结果，基于三区间法，结合材料 *S-N* 曲线，实现对设备的疲劳寿命分析。

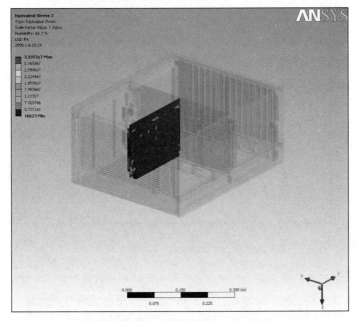

图 3-26　PCB 应力标准差云图

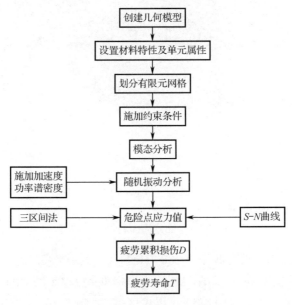

图 3-27　疲劳寿命分析流程图

（2）随机振动分析的应力结果提取

通过对设备施加加速度功率谱密度进行随机振动分析，可得到系统的 1σ 应力云图。不同材料的 *S-N* 曲线不同，应分别计算其疲劳寿命，具体流程如图 3-28 所示。通过编写脚本，提取不同材料零部件的 1σ 值，再利用三区间法判断危险节点，并计算危险节点的疲劳寿命。

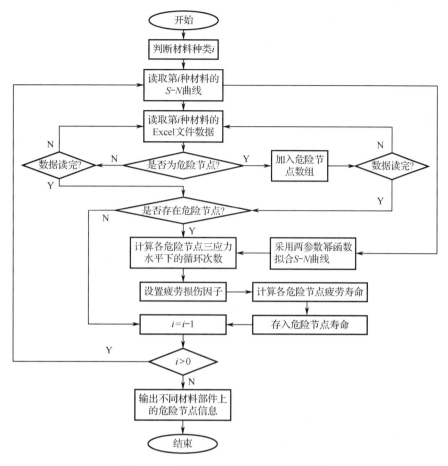

图 3-28　各零部件疲劳寿命计算流程

（3）实现效果

实际案例如下：对机箱进行随机振动分析后，提取其结果，进一步进行疲劳寿命分析。选择疲劳寿命分析，设置各材料的 S-N 曲线（见图 3-29），并进行疲劳分析，得到结果。图 3-30 所示为危险节点信息。

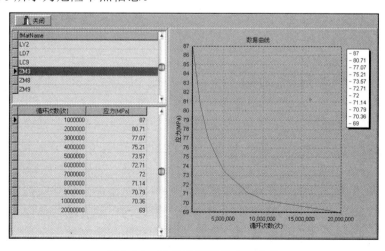

图 3-29　设备各材料的 S-N 曲线

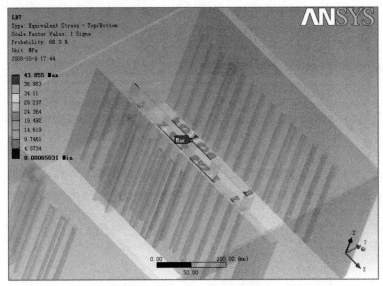

图 3-30　危险节点信息

图 3-31 为材料 LD7 部件上危险节点的 1σ 应力云图。

图 3-31　材料 LD7 部件上危险节点的 1σ 应力云图

在实际的仿真结果中，从红色到蓝色表示应力值依次递减，红色部位 1σ 应力最大，为最危险部位，寿命最短；蓝色部位 1σ 应力最小，寿命最长。（本书为黑白印刷，实际操作中可以区分颜色。）

3.1.2　电子设备热性能仿真

元器件的温度对电子设备的性能有显著影响，温度过高或过低都会导致元器件性能下降，进而导致电子设备性能下降，甚至失效，因此热控制是电子设备设计的核心。近年来，随着电子设备向大功率、高密度和小型化的方向发展，其热控制问题变得越来越突出。

电子设备热性能仿真是指在环境温度、辐射源、元器件发热等载荷作用下，对电子设备各模块、元器件和芯片的热性能（温度场、压力场、速度场、热阻、传热量等）进行的仿真计算。散热方式有自然散热、风冷、液冷和两相冷却等。下面结合实例，对常见的风冷和液冷下的电子设备热性能仿真进行介绍。

1. 强迫风冷分析

图 3-32 所示为某强迫风冷机箱的几何样机，图（a）为其几何模型，图（b）为各部分尺寸。该机箱模型尺寸为 0.4826m×0.5326m×0.575m，内有 5 个 AD1212HB-A71GL 型号的风机（入口有 2 个，出口有 3 个），2 个 AD0912HB-A70HB 风机（内部），内置 14 块 PCB（板厚为 0.0025m）及两个电源模块（开有 4mm×4mm 方孔）。

机箱材料为铝，其导热系数为 205W/（m·K），比热为 900J/（kg·K），密度为 2800kg/m³；电源材料为陶瓷，其导热系数为 60W/（m·K）；器件材料为半导体，其导热系数为 30W/（m·K）；风机型号为 AD0912HB-A70HB 和 AD1212HB-A71GL，其特性曲线如图 3-33 所示；环境温度为 20℃，压力为 1 个标准大气压，空气设定为不可压缩流体；由于是强迫风冷设备，故忽略重力的影响。

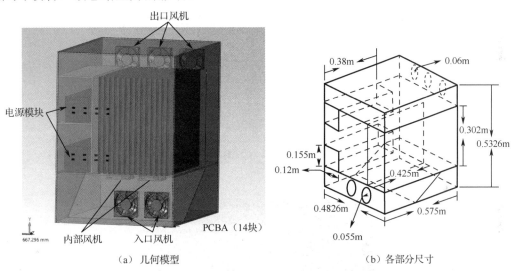

（a）几何模型　　　　　　　　　　　（b）各部分尺寸

图 3-32　某强迫风冷机箱的几何样机

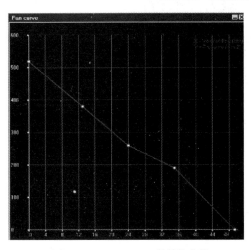

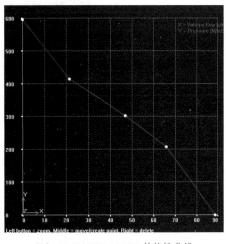

（a）AD0912HB-A70HB 的特性曲线　　　　　（b）AD1212HB-A71GL 的特性曲线

图 3-33　风机的特性曲线

仿真步骤包括模型简化、CAE 模型生成、参数设定、边界设置、网格划分、分析计算和后处理。

1）模型简化

几何样机模型简化在 CAD 软件下进行，采用模型替换方式（参见 2.2.2 节）对风机几何样机模型进行简化，如图 3-34 所示。

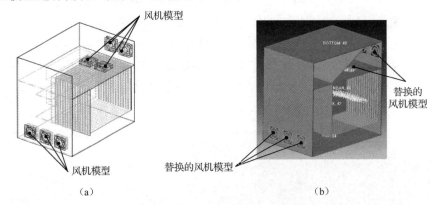

（a）　　　　　　　　　　　　　　　　（b）

图 3-34　采用模型替换方式对风机几何样机模型进行简化

2）CAE 模型生成

采用交互式同源建模（参见 2.2.2 节）方式，将简化后的风机几何样机模型导入 CAE 软件中，如图 3-35 所示。

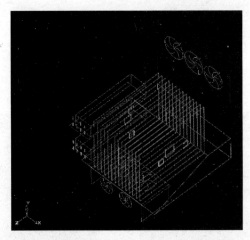

图 3-35　采用交互式同源建模方式导入的风机几何样机模型

3）参数设定

在 CAE 下对各零部件参数进行设定，包括：①风机型号、转速、特性曲线；②PCB 功耗；③电源功耗。

图 3-36（a）所示为设定参数后的 CAE 模型，图 3-36（b）为用命令流方式开发的参数设定用户界面。由于是风冷机箱，且设备允许的最高温度≤70℃，故可忽略辐射换热影响，只考虑强迫对流和导热。由于雷诺数较大，故采用紊流模型求解。

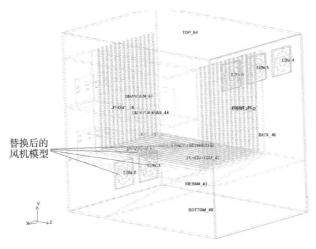

（a）设定参数后的 CAE 模型

（b）用命令流方式开发的参数设定用户界面

图 3-36　对 CAE 模型的参数设定

4）边界设置

设置风机为固定流量，将出风方向的求解域长度设置为零，将非出风方向的求解域长度设置为设备在该方向尺寸的一半，如图 3-37 所示。

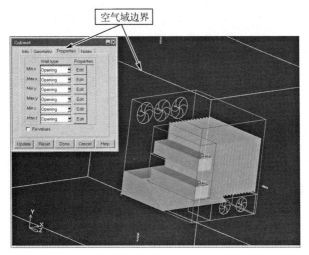

图 3-37　边界设置

5）网格划分

输入网格类型、尺寸等参数后，调取 CAE 网格划分命令，实现对机箱的网格划分。网格划分后的模型如图 3-38 所示。

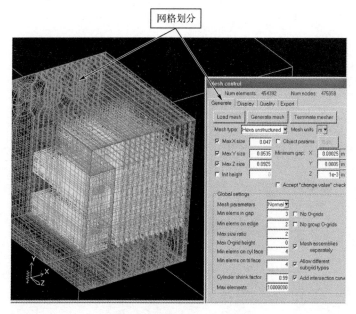

图 3-38　网格划分后的模型

6）分析计算和后处理

仿真结果如图 3-39 所示。风机入口处的流体温度最低，电源（主要热源）处的流体温度最高，为 61.5°，PCB 则是在主要发热芯片附近的温度最高。

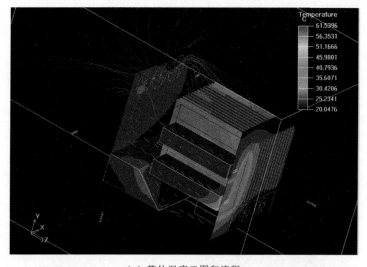

（a）整体温度云图和流程

图 3-39　仿真结果

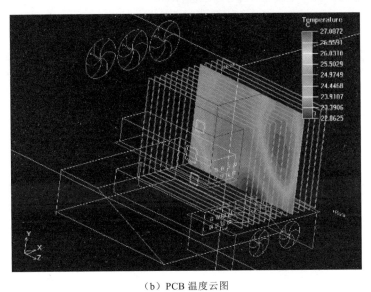

（b）PCB 温度云图

图 3-39　仿真结果（续）

2. 液冷分析

下面以某机载液冷机箱为例对液冷分析相关内容进行介绍。该液冷机箱的几何样机模型如图 3-40 所示，仿真过程包括模型简化、CAE 模型生成、网格划分和后处理。

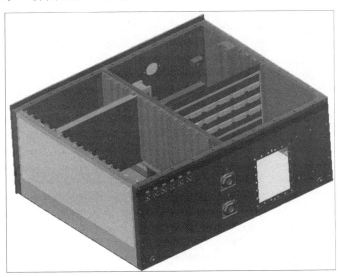

图 3-40　某液冷机箱的几何样机模型

1）模型简化

在 CAD 环境下，按照 2.2.2 节介绍的方法，对几何样机模型的细小特征进行简化。细小特征的过滤规则如表 3-1 所示。

表 3-1 　细小特征的过滤规则

序　号	类　型	过 滤 规 则	序　号	类　型	过 滤 规 则
1	孔	直径<3.5mm	4	拉伸	尺寸<2mm
2	倒角	尺寸<0.5mm	5	等效截面	直径、尺寸<2mm
3	圆角	半径<0.5mm	6	特征类型	符合规定名称

　　根据图 3-41 所示方法对模型进行简化，简化后的结果如图 3-42 所示，倒角和螺纹孔等细小特征得到了抑制。

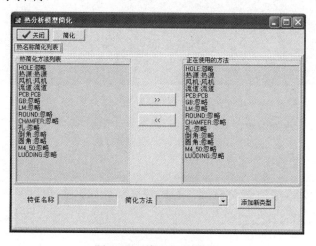

图 3-41 　特征名称设置

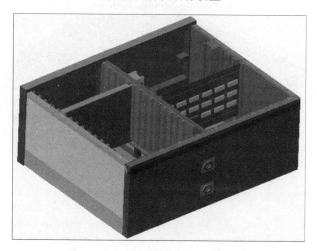

图 3-42 　特征去除后的简化模型

2）CAE 模型生成

（1）物性参数及边界条件设置

　　按照图 3-43 所示对 CAE 模型进行设置：图（a）为材料属性设置；图（b）为接触热阻设置；图（c）为流体域属性设置；图（d）为热源属性设置。将机箱设置为铝合金；将流体域设置为 30℃水；将 PCB 设置为 FR-4；将每个 PCB 上芯片的耗散热量设置为

5W，将每个模块芯片的发热功率设置为 30W，将机箱的总功率设置为 150W；将导热垫设置为铜；将入口流体流速设置为 2m/s；将出口流体压力设置为大气压。

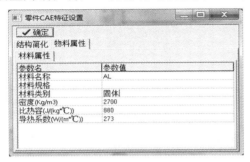

（a）材料属性设置

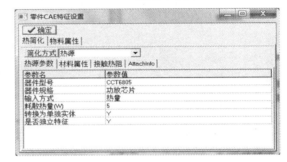

（b）接触热阻设置

（c）流体域属性设置

（d）热源属性设置

图 3-43　物性参数设置界面

（2）几何模型重构

采用基于模型传递的 CAD/CAE 同源建模方法进行模型重构（参见 2.2.2 节），设置采样弦高为 0.1mm，设置采样夹角为 0.5°，重构结果如图 3-44 所示。重构的电源机箱由 29786 个点和 26616 个三角面组成，重构的机载插箱由 16094 个点和 12630 个三角面组成，重构模型与 CAD 模型保持一致。

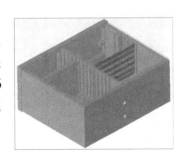

图 3-44　重构的 CAE 模型

（3）CAE 特征重构

采用接触热阻识别重构法，重构了机箱印制电路板和芯片之间的接触热阻；采用基于特征转换的流体域重构法（参见 2.2.2 节）重构了流道特征，如图 3-45 所示。

（a）接触热阻特征

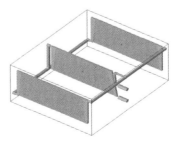

（b）流道特征

图 3-45　重构的 CAE 特征

3）网格划分

采用六面体单元对网格进行划分，单元数为 1825263 个，对齐率为 0.116971 到 1，其中，对齐率在 0.116971 到 0.15 间的网格有 32 个，占比 0.0017%，网格质量满足对齐率大于 0.15 的要求。

4）后处理

求解后的机箱仿真结果如图 3-46 所示，芯片仿真结果如图 3-47 所示。

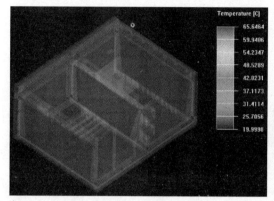
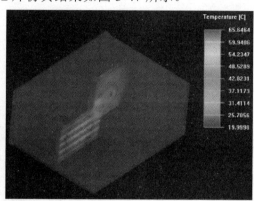

（a）计算得到的流体域温度云图　　　　　　　　（b）计算得到的器件温度云图

图 3-46　机箱仿真结果

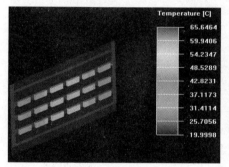
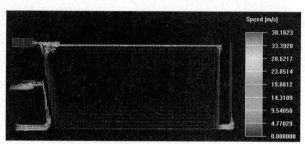

（a）计算得到的芯片温度云图　　　　　　　　（b）计算得到的流体域速度云图

图 3-47　芯片仿真结果

3.1.3　电子设备电性能仿真

电子设备电性能仿真是指在已知电路原理和结构的情况下，依据电子系统工作原理，通过仿真得到各模块、元器件、芯片等的电子和电磁物理量（如电磁场、方向图、电流、电压、阻抗等）的过程。按照工作原理的不同，电子设备的电性能仿真可分为电路仿真和电磁仿真。

1. 电路仿真

电路仿真（Electronic Circuit Simulation，ECS）是使用数学模型对设计完成的电子电路工作过程进行模拟，准确获得电路性能（电流、电压和阻抗）的方法，一般包括原理图编辑、仿真引擎和波形显示等。电路仿真又可分为模拟电路仿真、数字电路仿真和混合电路仿真。本书主要从结构设计的角度讲解电子设备的电性能仿真，对电子设备的电路仿真不做深入探讨。

2．电磁仿真

电磁仿真是以麦克斯韦方程为基础，利用有限元、边界元、有限差分等方法，建立电子设备及其工作空间的电磁场模型，得到其电磁性能的仿真技术。电磁仿真广泛应用于电子设备研制中，如天线设计（增益和方向图）、微波器件设计（谐振腔和微带电路分析）、电磁兼容设计。本节以图 3-32 所示机箱为例，介绍机箱电磁仿真的基本过程。

1）CAE 模型生成

采用第 2.2.2 节的建模方法，通过接口程序读取结构仿真输出的网格模型，在电磁仿真软件下重构，得到电磁仿真的几何模型（见图 3-48）。

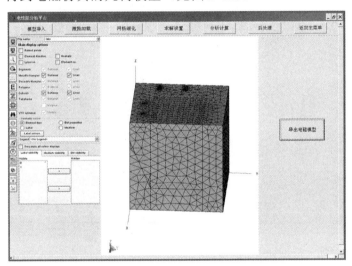

图 3-48　从结构性能样机导入 CAE 模型

2）激励加载

CAE 模型生成后，下一步工作为加载干扰源激励。如图 3-49 所示，本例加载平面波和点源，同时设置激励为固定频率 300MHz。

3）网格划分

设置网格划分策略，选择全局网格细化方法，将最大网格尺寸设置为 0.0374，如图 3-50 所示。

4）设置求解域

设置电磁仿真时考虑的空气区域边界，即仿真模型的求解域。一般将空气区域设置为被仿真对象（本例为机箱）体积的 3～10 倍，如图 3-51 所示。

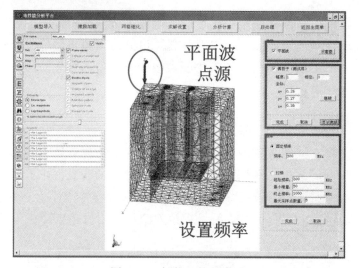

图 3-49　加载干扰源激励

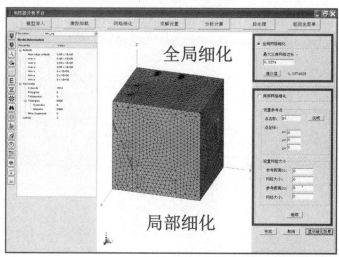

图 3-50　网格划分

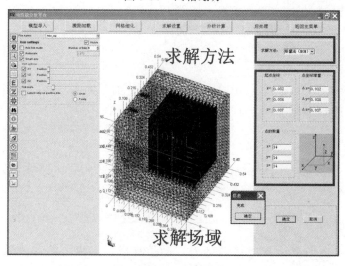

图 3-51　设置求解域

5）选择求解方法

选取仿真分析的数学方法，本例中选取"矩量法"（MOM）。

6）后处理

最终获得的机箱电磁场性能的仿真结果如图 3-52 所示，包括机箱面板的面电流分布、机箱内部的电场强度和不同频率下的屏蔽效果。

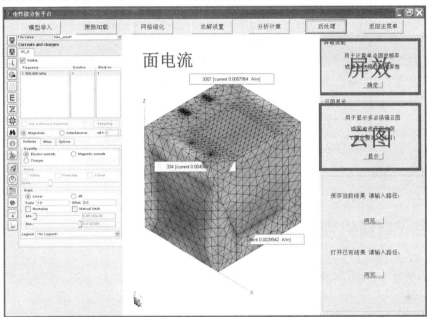

（a）机箱面板的面电流分布

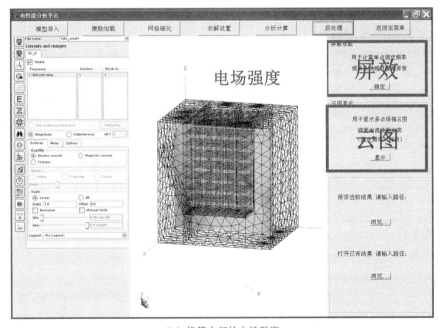

（b）机箱内部的电场强度

图 3-52　仿真结果

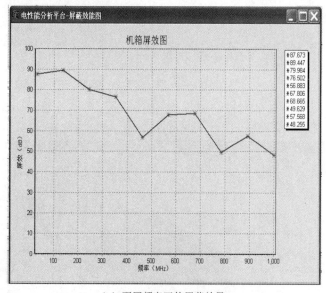

（c）不同频率下的屏蔽效果

图 3-52　仿真结果（续）

3.1.4　电子设备机电热多学科仿真

工程实际中，电子设备不同性能之间相互影响、相互联系，设计者应统筹考虑。如图 3-32 所示机箱，开孔可提升其散热性能，但又会导致电磁屏蔽性能下降。因此，设计时需综合考虑机、电、热多种因素的相互影响，才能得到综合性能最佳的电子设备。

下面通过电子机箱和反射面天线两个案例，对电子设备多学科仿真与优化进行介绍。

1．电子机箱的多学科仿真与优化

图 3-32 所示电子机箱的多学科仿真与优化思路如图 3-53 所示：首先根据多学科同源建模方法（参见 2.2.2 节），建立机、电、热多学科仿真模型；然后通过不同学科性能仿真交叉迭代，获得综合性能最优的设计方案。本例的优化模型和寻优过程如下所述。

1）优化模型

$$X = (x_1, x_2, x_{1l}, x_{2l}, x_{1d}, x_{2d}, x_w, x_z, x_{jd1}, x_{jd2})$$

$$\text{Min} \quad f = F_f$$

$$x_{i\min} \leqslant x_i - 0.5x_{il} < x_i + 0.5x_{il} \leqslant x_{i\max} \quad (i = 1,2)$$

$$0 < x_1 - 0.5x_{1l} < x_1 + 3x_d + 0.5x_{1l} < x_{1\max}$$

$$0 < x_2 - 0.15 - 0.5x_{2l} < x_2 + 0.5x_{2l} < x_{2\max}$$

$$0 < x_{il} < x_{id} \quad (i = 1,2)$$

$$x_{z\min} < x_z < x_{z\max}$$

$$x_{jdi\min} < x_{jdi} < x_{jdi\max} \quad (i = 1,2)$$

$$SE_0 \leqslant SE$$

$$T_\alpha < T_{\alpha 0}, \alpha = 1, 2$$
$$M < M_0$$

式中，x_1, x_2 表示 X，Y 方向上第一个开孔中心点的位置；x_{11}, x_{21} 表示 X，Y 方向上开孔的长度；x_{1d}, x_{2d} 表示 X 方向上开孔的间距；x_{jd1}, x_{jd2} 表示梁 X，Y 方向上的长度；x_z 表示底边斜板 Z 方向上的坐标；x_w 表示机箱壁厚；F_f 表示机箱一阶频率；SE 表示机箱屏蔽效率；M 表示机箱质量。

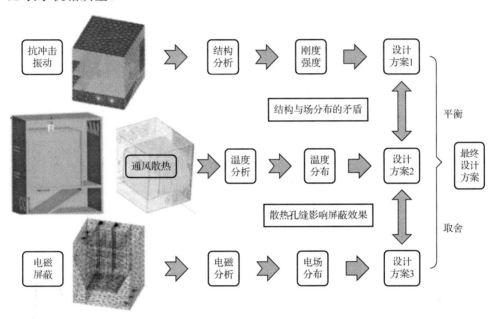

图 3-53　电子机箱的多学科仿真与优化思路

2）寻优过程

设计变量的参数表如表 3-2 所示，约束和目标的参数表如表 3-3 所示。优化过程中各目标量的迭代曲线图如图 3-54 所示，从图中可以看出，在迭代过程中，系统分别调用了结构仿真、热仿真和电磁兼容仿真程序，实现了多学科优化。

表 3-2　设计变量的参数表

设计变量	x_1	x_2	x_{11}	x_{21}	x_{1d}	x_{2d}	x_w	x_z	x_{jd1}	x_{jd2}
上限	0.05	0.07	0.02	0.07	0.02	0.05	0.006	0.52	0.015	0.01
下限	0.003	0.003	0.002	0.002	0.002	0.002	0.002	0.18	0.004	0.004
初始值	0.005	0.01	0.005	0.005	0.005	0.01	0.005	0.512	0.005	0.005
最优值	0.011	0.012	0.0028	0.00875	0.012	0.00575	0.0032	0.18	0.015	0.008

表 3-3　约束和目标的参数表

约束和目标	T_1 /℃	T_2 /℃	SE/dB	$f = F_f$ /Hz	M /kg
上限	75	75			67.5
下限			35		

初始值	73.17	78.11	20.72	73.81	72.28
最优值	68.08	74.21	45.9	86.56	67.47

优化过程中，各目标量的迭代曲线图如图 3-54 所示。

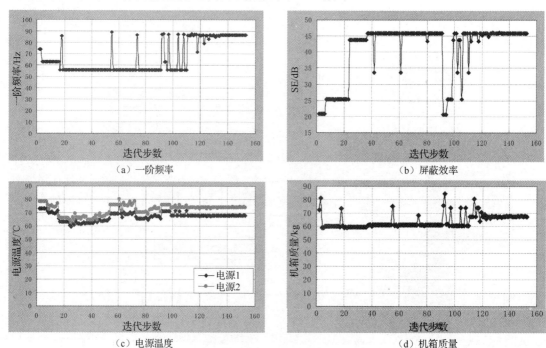

（a）一阶频率　　　　　　　　　　　　　　（b）屏蔽效率

（c）电源温度　　　　　　　　　　　　　　（d）机箱质量

图 3-54　优化过程中各目标量的迭代曲线图

2．反射面天线的多学科仿真与优化

反射面天线的多学科仿真与优化的基本思路如图 3-55 所示：首先计算重力、风荷、温度等载荷作用下的天线反射面变形；然后根据机电耦合理论，计算结构变形情况下的反射面电磁性能，包括增益、副瓣电平、方向图等；最后通过多学科优化，实现面向电性能的设计优化。

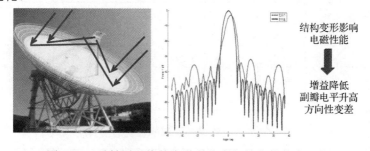

图 3-55　反射面天线的多学科仿真与优化的基本思路

自主开发的反射面天线多学科仿真与优化界面如图 3-56 所示。如图 3-57 所示，天线的反射面口径为 16m，天线背架共 304 根杆件，192 个节点。

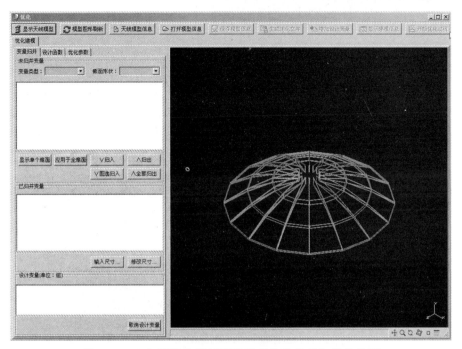

图 3-56　自主开发的反射面天线多学科仿真与优化界面

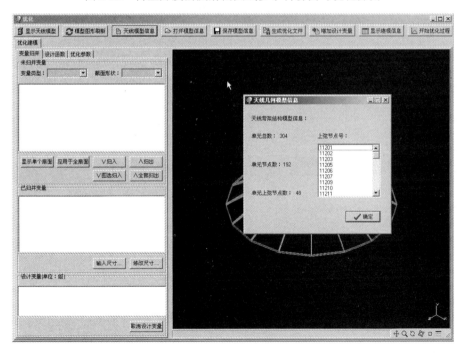

图 3-57　读入天线模型信息

1）设计变量归并

首先对设计变量按照类别进行归并，以减小计算量。自主开发的变量归并界面如图 3-58 所示。设置"变量类型"为"截面参数"，软件从数据库中读取所有同类变量集合，并显示在界面上。图 3-59 所示为设计变量归并后的信息列表，将 320 个截面积变量归并为 8 类，同时输入变量初值和上/下界。

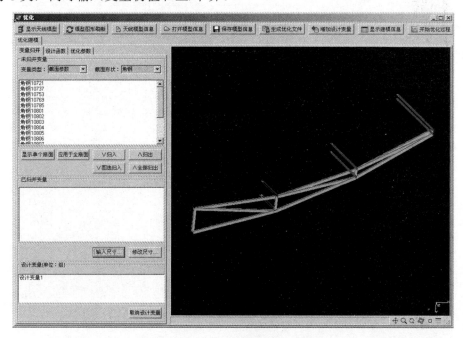

图 3-58   自主开发的变量归并界面

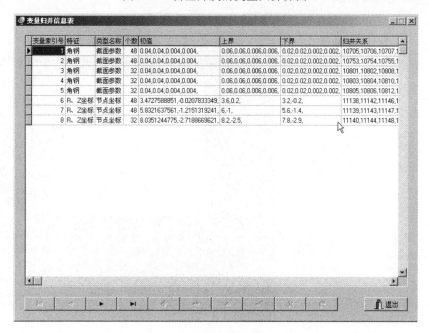

图 3-59   设计变量归并后的信息列表

2）指定目标函数

优化目标选择界面如图 3-60 所示，软件提供的目标选项包括结构质量、反射面精度和增益。其中，结构质量和反射面精度为结构相关量；增益是电磁相关量。本例选择反射面精度作为优化目标。

3）指定约束函数

约束条件设置界面如图 3-61 所示，选项包括许用应力、表面精度、结构质量、频率、增益等。本例取结构质量≤18075kg、各杆件许用应力≤160MPa 作为优化约束条件。

图 3-60　优化目标选择界面　　　　　图 3-61　约束条件设置界面

4）优化计算及过程监控

优化过程监控界面如图 3-62 所示，界面右边窗口显示当前设计点的敏度信息和某个设计变量的敏度历史信息，用户可直观地了解各设计变量对设计函数的敏感程度。

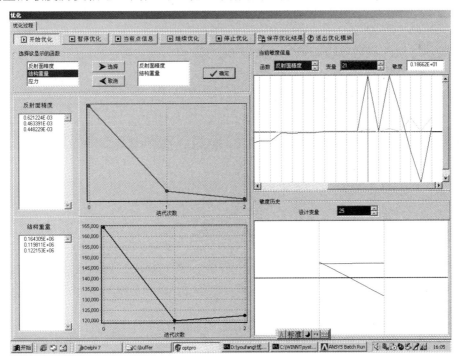

图 3-62　优化过程监控界面

算例有 27 个设计变量，优化时根据需要循环调取结构仿真和电磁仿真程序。本例中，每循环一次须进行大约 30 次重分析，每次分析约 18 分钟，迭代一次约 9 小时。选代过程中可以暂停，以便查看当前点信息，如图 3-63 所示。

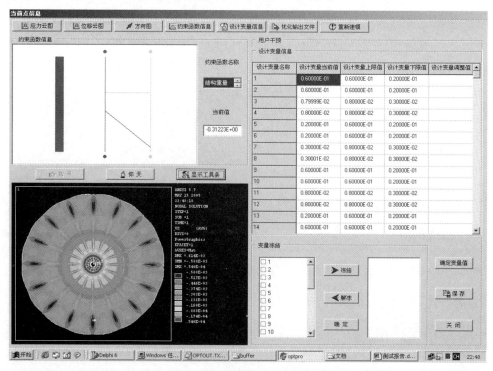

图 3-63　查看当前点信息

本例经 14 次迭代后收敛，用时约 98 小时，迭代曲线如图 3-64 所示。优化结束后输出每次迭代的设计变量取值、设计函数取值，以及相应的敏度信息，如图 3-65 所示。

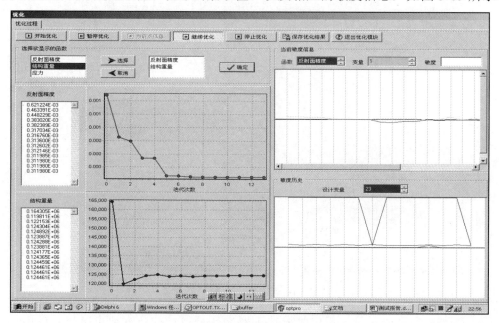

图 3-64　16m 天线结构优化的迭代曲线

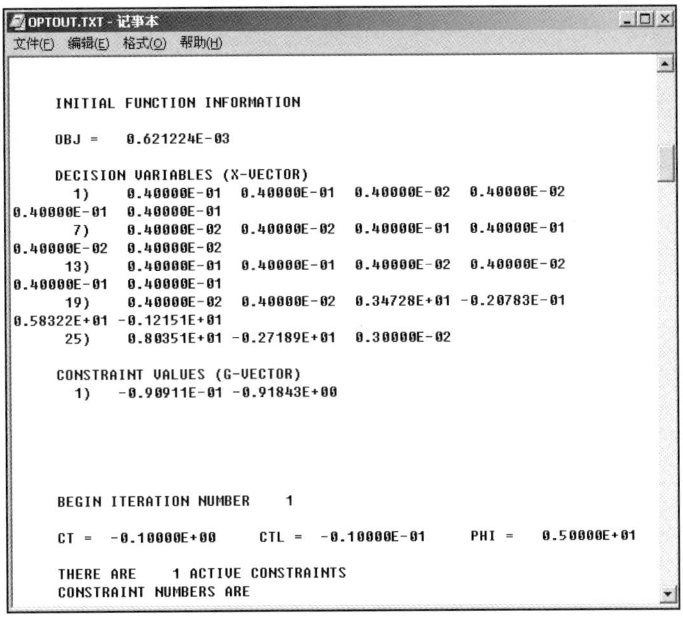

图 3-65　优化输出文件

3.2　电子设备工艺仿真

工艺仿真是指对产品工艺规程的计算机仿真。其输入包括工艺模型、工艺过程和工艺参数（参见 2.3 节），输出是对加工、装配和检测结果的预测，包括工艺可行性与经济性、制造周期、产品质量等。

除一般零件加工和整机装配工艺仿真之外，电子设备工艺仿真还包括芯片封装、微系统封装和 PCB 电子装联等特有仿真。本书将对除芯片封装之外的工艺仿真技术进行介绍。

3.2.1　微系统封装工艺仿真

微系统封装技术近年来发展迅速，基于 3S（SOC、SIP 和 SIC）的微系统制造已成为电子组件的主流制造方式。典型的微系统封装工艺包括引线键合、载带键合、倒装键合和三维互连等。下面以倒装焊工艺为例，介绍微系统封装工艺仿真。

倒装焊接是微系统封装最常用的互连方法之一，其原理是通过加热加压，在芯片、基板、电路的金属凸点与凹点间产生塑性形变，分子扩散产生作用力，从而实现电气互连。倒装焊工艺的基本过程如图 3-66 所示，包括芯片基板的调平、对位和焊接等步骤。倒装焊工艺设备是完成倒装焊工艺的物理载体（见图 3-67），由底架、光学运动平台、光学视觉系统、基板对位平台、减振平台、芯片加热台等子系统组成。为实现"调得平""对得准""焊得牢"，需对其核心组件的工艺性能进行仿真。下面是调平机构、基板对位平台、芯片加热台等核心部件的仿真实例。

107

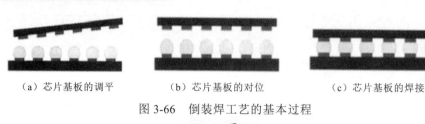

（a）芯片基板的调平　　　　　（b）芯片基板的对位　　　　　（c）芯片基板的焊接

图 3-66　倒装焊工艺的基本过程

大理石构件　　　　　　　　　　　　　　　　UBA平台

光学运动平台

光学视觉系统　　　　　　　　　　　　　　基板对位平台

减振平台

底架

（a）倒装焊设备

真空腔

气路

（b）调平机构

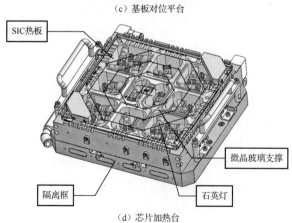

X轴平台　　　　　　　　　　　　　　　Y轴平台

基板热台

气浮垫

大理石构件

（c）基板对位平台

SIC热板

微晶玻璃支撑

隔离框　　　　　　　　　石英灯

（d）芯片加热台

图 3-67　倒装焊工艺设备的基本组成

1. 调平机构仿真

调平机构是实现芯片调平的工艺装置，如图 3-67（b）所示，须考虑气浮结构承载力、加压变形等因素对调平目标的影响。图 3-68（a）所示为气动性能仿真效果，图 3-68（b）所示为静力学仿真效果。

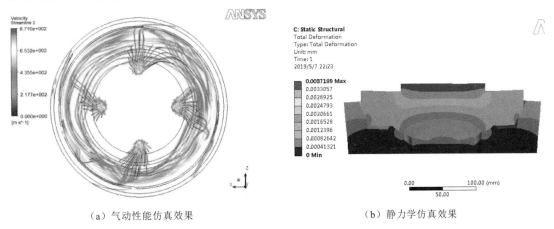

（a）气动性能仿真效果　　　　　　　　　（b）静力学仿真效果

图 3-68　调平机构仿真效果

2. 基板对位平台仿真

基板对位平台是实现"对得准"的关键装置，难点是保证机构的高运动精度。受力变形对运动精度有明显影响，为此需对其核心部件 X 向组件和 h 运动板进行静力学仿真，仿真结果如图 3-69 所示。

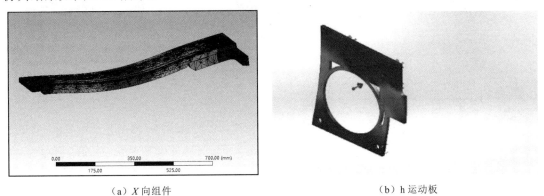

（a）X 向组件　　　　　　　　　　　　　（b）h 运动板

图 3-69　基板对位平台核心部件仿真结果

3. 芯片加热台仿真

芯片加热台是热压焊头子系统的核心部件。一方面，需产生高温高压，以确保"焊得牢"；另一方面，需确保对位和调平精度不受材料热膨胀和压力变形的影响。热压焊头的均温性仿真、变形量仿真和应力仿真分别如图 3-70（a）、（b）和（c）所示。

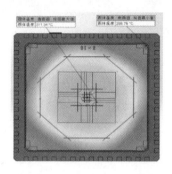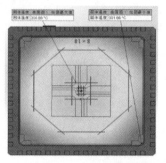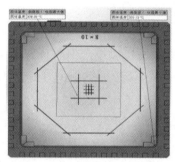

（a）热压焊头的均温性仿真

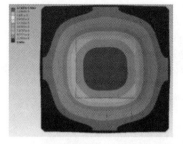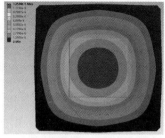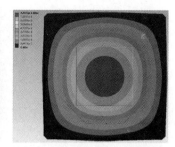

（b）热压焊头的变形量仿真

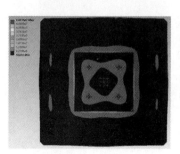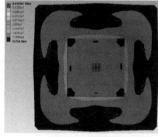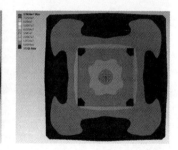

（c）热压焊头的应力仿真

图 3-70　芯片加热台仿真

3.2.2　PCB 电子装联工艺仿真

尽管微系统封装逐渐普及，但 PCB 电子装联仍是目前最常用的电子组件装配形式。与普通装配相比，PCB 电子装联的质量与电性能密切相关，仿真时须考虑与电性能相关的工艺规则。

PCB 电子装联工艺仿真的基本过程为：首先按照 2.3.4 节所述的方法，构建 PCB 电子装联工艺样机，然后进行电子装联工艺仿真，包括裸板工艺性分析和组装工艺性分析。

1．裸板工艺性分析

裸板工艺性分析是指对 PCB 设计要素（线路、焊盘、定位孔等）的工艺性进行仿真分析，其基本思想是：遍历 PCB 设计要素信息，根据设计规则检查其可制造性。

图 3-71 给出了裸板工艺性分析的一些案例：图（a）为短路检查。检查信号层和接地层走线，防止短路。图（b）和图（c）分别为安全间距检查和焊盘/线路间距检查，间距过小容易造成焊点桥接。图（d）为焊盘散热检查，散热过快容易导致焊接不良。图（e）为缺少焊盘检查，缺少焊盘将导致无法组装。图（f）为 SMD 焊盘是否有孔检查，焊盘上有孔会导致焊接质量无法控制。图（g）为环宽检查。图（h）为阻焊区域分析检查，良好的阻焊设计可防止连锡。图（i）为丝印检查，错误的文字和元器件位置匹配将导致装配、维修中出现问题。图（j）为孔与焊盘间距检查，过小的距离容易导致短路。图（k）为断头线检查。图（l）为孔大小检查。

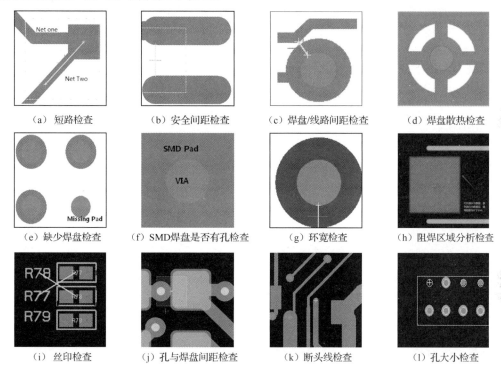

（a）短路检查　　　　（b）安全间距检查　　　（c）焊盘/线路间距检查　　（d）焊盘散热检查

（e）缺少焊盘检查　　（f）SMD焊盘是否有孔检查　　（g）环宽检查　　　（h）阻焊区域分析检查

（i）丝印检查　　　（j）孔与焊盘间距检查　　　（k）断头线检查　　　　（l）孔大小检查

图 3-71　裸板工艺性分析

2．组装工艺性分析

组装工艺性分析是指对 PCB 上元器件、芯片、连接器等装配要素组装工艺性的仿真分析，以检查各装配要素安装位置、尺寸、方法的合理性，确保 PCB 组装设计的可制造性。

图 3-72 给出了 PCB 组装分析案例：图（a）为参考点检查，检查参考点是否受干扰。图（b）为封装分析，检查元器件封装是否和 CAD 的设计一致。图（c）为贴片安全间距检查，确保元器件间有足够间距，避免焊点桥接。图（d）为安全高度差检查，元器件高度差过大会造成温度阴影效应导致的虚焊。图（e）为元器件到边距离分析，到边距离过小会造成元器件损伤和缺件。图（f）为连接器间距分析，连接器之间或连接器与元器件之间距离过小会导致可维修性差。图（g）为检测点尺寸分析，过小的检测点会造成无

法放针，稳定性差。图（h）为检测点安全间距检查，过小的检测点距离会造成检测点之间相互干扰。图（i）为检测点与元器件的安全距离检查。

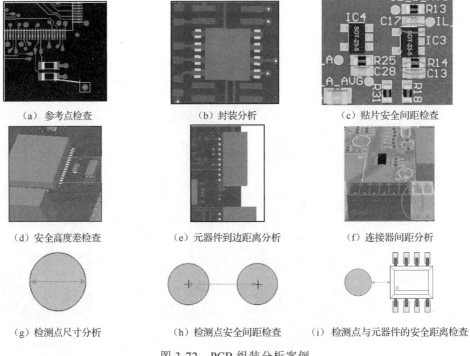

（a）参考点检查 　　　　　（b）封装分析 　　　　　（c）贴片安全间距检查

（d）安全高度差检查 　　　　（e）元器件到边距离分析 　　　　（f）连接器间距分析

（g）检测点尺寸分析 　　　（h）检测点安全间距检查 　　（i）检测点与元器件的安全距离检查

图 3-72　PCB 组装分析案例

3.2.3　零件加工工艺仿真

零件加工工艺仿真是指在已知工艺规程和工艺参数的情况下，对零件加工成型过程和结果进行仿真的技术。常见的零件加工形式包括机加工、锻造、铸造、钣金和三维打印等。本节介绍最为常见的加工工艺——机加工工艺仿真技术，包括机加工可制造性分析、机加工几何仿真和机加工物理仿真。

1. 机加工可制造性分析

传统的可制造性分析由人工完成，设计师在设计阶段对零件是否可加工、经济性是否满足需求等进行评价。MBD 技术的发展，使得依据机加工工艺规则，由程序通过模型分析，对零件的可制造性进行评价成为可能。图 3-73 所示为基于模型的可制造性检查，"√"为可制造性好的零件设计，"×"为可制造性差的零件设计，如图 3-73（a）所示，零件是深腔加工，内壁连接处需一定大小的过渡圆倒角，过小的内圆倒角或直角无法加工。

可制造性分析可在设计早期由程序代替人工进行可加工性检查，预测可能产生的制造问题，减少设计反复，缩短准备时间。

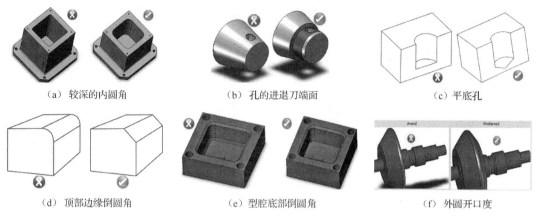

（a）较深的内圆角　　　　　（b）孔的进退刀端面　　　　　（c）平底孔

（d）顶部边缘倒圆角　　　　（e）型腔底部倒圆角　　　　　（f）外圆开口度

图 3-73　基于模型的可制造性检查

2．机加工几何仿真

机加工几何仿真可对 NC 程序的各项工艺性能进行验证，包括刀具轨迹验证、碰刀检查、过切和欠切检查、超程检查等，同时也能对加工参数进行优化，从而缩短加工时间。

1）刀具轨迹验证

刀具轨迹验证是机加工几何仿真最基础的功能。如图 3-74 所示，输入 NC 程序后，系统会直观地显示刀具轨迹及切削纹理。

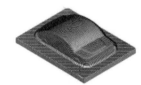

（a）刀具轨迹仿真　　　　　　　　　（b）切削纹理仿真

图 3-74　刀具轨迹验证

刀具轨迹验证的主要作用如下：

（1）直观判别刀具轨迹是否光滑和有交叉、凹凸点处连接是否合理；

（2）判断曲面加工时刀具轨迹拼接是否合理，走刀方向是否符合曲面造型原则；

（3）判别刀具轨迹与加工表面的相对位置是否合理；

（4）检查刀轴矢量是否存在突变，偏置方向是否符合要求；

（5）分析进、退刀位置及方式是否合理、是否发生干涉。

2）碰刀检查

碰刀是加工过程中刀具与夹具或刀具与工件发生碰撞的现象。碰刀可分为夹持部分碰撞干涉 [见图 3-75（a）] 和切削部分碰撞干涉 [见图 3-75（b）]。不管哪种碰撞，都会造成刀具、工件和夹具的损坏，或者造成工件的过切。

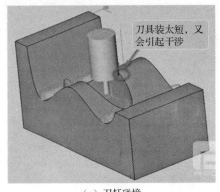

（a）刀杆碰撞

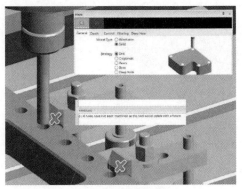

（b）刀具底面碰撞

图 3-75　刀具碰撞干涉检查

3）过切和欠切检查

过切是指在加工过程中，由于刀具变形、刀具直径大于凸面半径、刀具碰到已加工面等原因，造成工件轮廓被错误过度切除的现象。欠切是指由于刀具变形、刀具直径大于凹面半径、弹刀等原因，造成工件轮廓切削量不足的现象

图 3-76 给出了过切与欠切的部分实例：图（a）和（b）为加工薄壁零件时，由于刀具变形、磨损等，导致工件过切或欠切；图（c）和（d）为加工曲面工件时，由于刀具直径过大，加工凸工件时产生过切，加工凹工件时产生欠切；图（e）为加工孔对象时由于孔和台阶边缘过近，刀具转孔时碰到台阶边缘，导致过切；图（f）为刀柄与工件凸台边缘碰撞，造成过切。

（a）刀具变形造成的过切

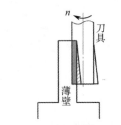

（b）刀具变形或磨损造成的欠切

（c）刀具直径过大，加工凸工件时产生过切

（d）刀具直径过大，加工凹工件时产生欠切

（e）碰刀造成的过切

（f）碰刀造成的过切

图 3-76　过切与欠切的部分实例

4）超程检查

超程检查是指对主轴或工作台的运动范围是否超过其实际运动能力范围的检查。如图 3-77 所示，当主轴工作台在 Y 方向设置为-302.62mm 时，几何仿真系统会提示超程错误。

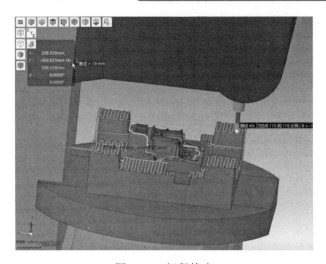

图 3-77　超程检查

3．机加工物理仿真

机加工物理仿真是在几何仿真的基础上，进一步考虑零件弹性变形，进而对相关物理量（切削力、切削扭矩、切削热、切削变形、刀具磨损、加工精度）进行预测的仿真技术。

1）切削力仿真

采用 2.3.5 节所述方法，开发了切削力仿真程序计算切削力。为验证仿真结果的正确性，采用 UCP710 数控加工中心，对图 3-78（a）所示工件进行了切削力测试试验。试验刀具为立铣刀，切削力仿真结果如图 3-78（b）所示，切削方式为铣削圆孔。用 Kisler 测力仪对切削力进行测量，实测结果如图 3-78（c）所示。图 3-78（b）所示的仿真结果与图 3-78（c）所示的实测结果基本吻合（图中，X 轴为时间轴，单位为 s；Y 轴为切削力，单位为 N）。

（a）切削力测试实验

图 3-78　切削力仿真结果与实验结果对比

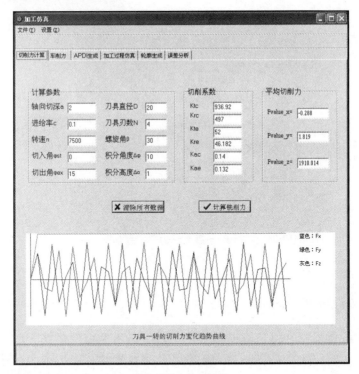

（b）切削力仿真结果

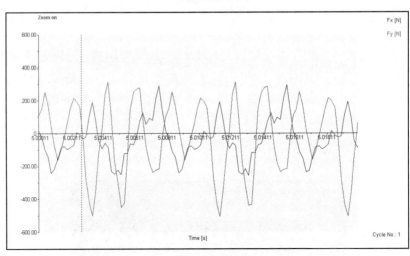

（c）切削力实测结果

图 3-78　切削力仿真结果与实验结果对比（续）

2）切削变形仿真

　　将仿真得到的切削力加载到有限元模型，即可实现切削变形仿真。图 3-79 所示为某支架的切削变形仿真效果图，仿真过程中需通过程序对刀具-工件的有限元模型进行动态更新。程序读取 NC 代码，生成命令流文件。在 CAE 软件下运行该文件，即可得到不同时刻工件与刀具的有限元网格模型，将该时刻切削力载荷加载到模型，计算获得不同时刻的工件和刀具变形体。

（a）T0 时刻　　　　（b）T1 时刻　　　　（c）T2 时刻　　　　（d）T3 时刻

图 3-79　某支架的切削变形仿真效果图

3）刀具磨损预测

刀具磨损会影响零件的加工精度和加工表面的完整性。因此，加工过程中刀具磨损预测对于确保加工精度和工件的表面完整性具有重要作用。图 3-80 所示为刀具磨损仿真效果图。

4）切削热仿真

刀具切割工件导致的发热对加工质量有重要影响。通过梳理切削发热和传热机理，建立切削热仿真模型，可以准确预测加工过程中的切削应力、热耦合和残余应力，从而为切削参数优化提供参考。按照 2.3.5 节所述方法构建切削热仿真模型，图 3-81（a）给出了切削热仿真结果，切削热

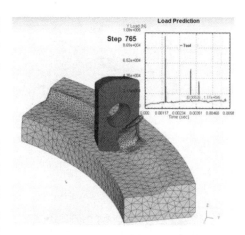

图 3-80　刀具磨损仿真效果图

有 80%通过切屑传导，10%通过工件传导，10%通过刀具传导。图 3-81（b）为切削温度仿真，可以看出，最高温度发生在刀尖位置。

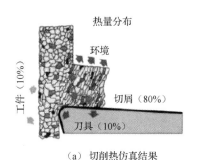

（a）切削热仿真结果

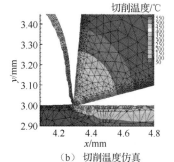

（b）切削温度仿真

图 3-81　仿真结果

3.2.4　整机装配工艺仿真

整机装配工艺仿真是指在虚拟制造环境中对产品整机装配的全过程所进行的计算机

仿真。通过整机装配工艺仿真，可在装配工艺设计早期有效地检测并解决可能发生的各种问题，包括装配干涉检查、优化装配顺序、人机工效检验和装配可达性分析。

1．装配干涉检查

装配干涉是指在产品装配过程中，装配体与已安装的零部件、装配体与工装设备之间的碰撞问题。装配干涉是最容易出现的工艺设计问题之一。随着电子设备向多功能、小型化方向发展，其装配密度日益增加，安装空间越来越小，非常容易出现相互碰撞等干涉问题。同时随着装配精度和效率要求的不断提升，所使用的工装设备越来越多，很容易和装配体发生碰撞干涉。

图 3-82 给出了采用装配工艺仿真技术进行装配干涉检查的几个实例，通过在三维环境中进行干涉检查，可以及时发现装配时可能存在的装配干涉问题。

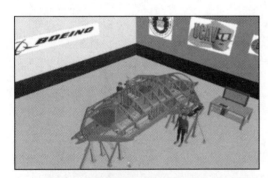
（a）F/A-18E 装配干涉检查

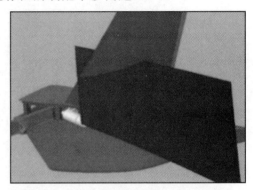
（b）尾翼装配干涉检查

（c）油箱装配干涉检查

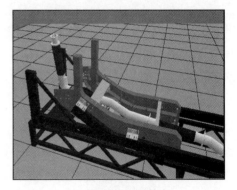
（d）管路装配干涉检查

图 3-82　装配干涉检查实例

2．优化装配顺序

合理的装配顺序可提高工作效率，确保装配工作快速、准确、顺利地完成。装配工艺仿真为装配顺序优化提供了有效手段。如图 3-83 所示，设计人员可在虚拟制造环境中对不同的装配顺序进行仿真对比，直到获得最优的装配顺序为止。

（a）JSF X-37 的装配顺序规划　　　　（b）Delta IV 的装配顺序规划

图 3-83　优化装配顺序

3．人机工效检验

装配工艺的人机工效主要研究工艺设备是否能够操作、是否容易操作、操作是否符合人的生理特点、是否容易使人产生疲劳，以及操作时是否会有危险等问题。如图 3-84 所示，可通过仿真技术，对工艺设计的可操作性和安全性等进行量化仿真。

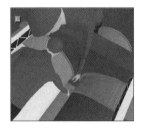

（a）多人协同装配的可操作性评估　　　　（b）装配时的安全性评估

图 3-84　装配工艺的人机工效检验

4．装配可达性分析

装配可达性分析是指对装配过程中工人的肢体或机器人是否可以或容易到达装配体所在位置进行仿真的技术。例如，图 3-85（a）所示的人的手部可达性分析，以及图 3-85（b）所示的自动化安装流水线上装配机器人的可达性分析。

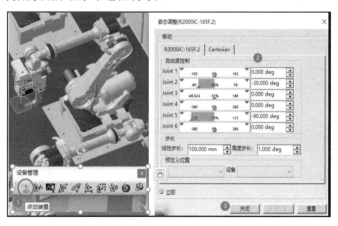

（a）人的手部可达性分析　　　　（b）自动化安装流水线上装配机器人的可达性分析

图 3-85　装配可达性分析

119

5．装配物理仿真

装配物理仿真是指在几何仿真的基础上，进一步考虑重力和装配力导致的零部件弹性变形，进而对相关物理量（装配应力、装配变形、装配精度等）进行预测的仿真技术。

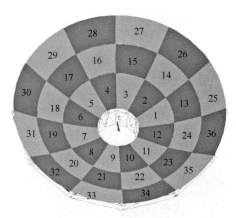

图 3-86　面板编号示意图

以某型反射面天线为例来说明仿真过程和效果。如图 3-86 所示，天线口径为 9m，装配时分为三圈，每圈 12 块面板，每块面板有 4 个螺栓，螺栓的预紧力为 40kN。装配物理仿真模型的构建过程参见 2.3.6 节的相关内容，仿真后可得到面板装配顺序、紧固力紧固顺序、紧固力大小等对反射面变形影响的有益结论。由于篇幅限制，本小节只对面板装配顺序对反射面变形影响进行介绍。

不同面板圈层装配顺序的方案如表 3-4 所示，装配顺序对面板变形影响的仿真结果如图 3-87 所示。其中，X 轴为面板装配步骤，Y 轴为面板变形 Z 轴的位移均方根值。

表 3-4　不同面板圈层装配顺序的方案

方案编号	面板圈层的装配顺序		
方案 1	第一圈： 1-2-3-4-5-6-7-8-9-10-11-12	第二圈： 13-14-15-16-17-18-19-20-21-22-23-24	第三圈： 25-26-27-28-29-30-31-32-33-34-35-36
方案 2	第一圈： 1-2-3-7-8-9-4-5-6-10-11-12	第二圈： 13-14-15-19-20-21-16-17-18-22-23-24	第三圈： 25-26-27-31-32-33-28-29-30-34-35-36
方案 3	第一圈： 1-7-2-8-3-9-4-10-5-11-6-12	第二圈： 13-19-14-20-15-21-16-22-17-21-18-24	第三圈： 25-31-26-32-27-33-28-34-29-35-30-36

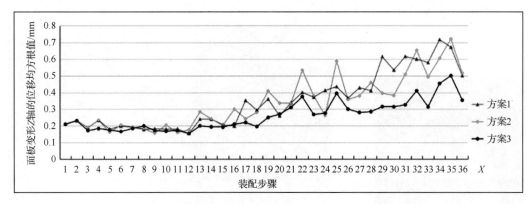

图 3-87　装配顺序对面板变形影响的仿真结果

3.3　电子设备制造仿真

电子设备制造仿真又称为生产过程仿真，是指对电子设备制造产线及其制造过程的计算机仿真，包括布局仿真、节拍仿真和物流仿真等。

3.3.1　布局仿真

布局仿真是指在制造车间、产线和单元建设前，对其空间布局、设备、物流、缓冲、仓储、刀库、人员等规划所进行的基于三维模型的计算机仿真，分析设备数量、空间布局、物流路线、缓冲大小、仓储大小、人员数量等因素对最终产能和生产效率的影响，从而确定最优布局方案。

图 3-88（a）为厂房布局仿真，主要对厂房面积、形状、出入口、配套设施间距等对产能的影响进行分析；图（b）为产线布局仿真，主要对工序设置、物流路线、存储位置和数量等进行分析，以实现最少搬运和最短路线；图（c）是物流仿真，主要对 AGV 行走路线进行优化；图（d）是仓储布局仿真，用来实现仓储效能最佳；图（e）和（f）分别是制造单元布局仿真和工位布局仿真，主要对工人劳动强度和上下料效率进行分析。

（a）厂房布局仿真

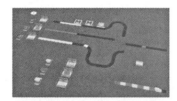

（b）产线布局仿真

（c）物流仿真

（d）仓储布局仿真

（e）制造单元布局仿真

（f）工位布局仿真

图 3-88　制造系统的布局仿真

3.3.2　节拍仿真

制造系统是一个完整体系，人员、设备、物料须按统一节拍运行。零部件加工和装配由若干工序和工步组成，每个工序运行有固定节拍。物流系统运来原材料，加工人员或机械手将原材料装夹到加工设备后进行加工或装配，然后进行检验，再流转到下一个工序，或存放在缓冲区。所有工序节拍必须协调一致，否则会造成混乱，导致某些工位停工待料，无法实现产能最大化。

节拍仿真（见图 3-89）可计算出制造系统中每个工序的生产节拍并及时发现问题。例如，某个工位节拍过慢，导致上下游工序频繁停工时，可以通过增加该工序的制造单元、构建缓冲区等方法改进系统节拍。

图 3-89　节拍仿真

3.3.3　物流仿真

物流仿真是指对制造系统中物流搬运和缓冲存储子系统运行节拍的计算机仿真。现代车间的物流运输方式主要是 AGV 物流［见图 3-90（a）］和专用运输线物流［见图 3-90（b）］。AGV 物流需考虑小车的运行路线和速度，以及充电间隔和时长、故障率等问题，以便确定满足产线物流节拍的 AGV 小车数量；专用运输线物流则须考虑运输线的运行速度、运输途中的缓冲设置等问题。

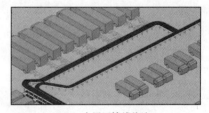

（a）AGV物流　　　　　　　　　　　（b）专用运输线物流

图 3-90　物流仿真

3.4　电子设备运维仿真

3.4.1　培训仿真

培训仿真最典型的应用是飞行员培训仿真系统。在真实飞机上训练飞行员耗资太大，而且某些特殊情况（如发动机停车、大仰角失速等）难以训练，通过模拟器训练飞行员是行之有效的途径。同时，飞行模拟器可以作为一种试验床，对飞机的操纵性、稳定性和机动性进行测试和评定，较容易分析飞机气动参数的修改对飞行的影响。

　　图 3-91 所示是一种典型的飞行员培训仿真系统：飞行员坐在一个受计算机控制的椅子上，头戴 HMD（头显），手握控制杆；飞行员通过显示在 HMD 中的仪表盘和控制杆控制虚拟环境中虚拟飞机的飞行，由飞机当前位置、速度、姿态等信息计算得到的虚拟场景被真实地显示在飞行员的 HMD 上，产生非常逼真的视觉效果；飞行员头戴的耳机根据飞机种类、位置、速度等参数实时播放飞行过程中的各种声音；飞机爬升、翻滚时，飞行员坐的椅子在计算机信号控制下进行相应的翻转，从而产生身临其境的感觉。

图 3-91　飞行员培训仿真系统

3.4.2　维修仿真

　　维修是电子设备全生命周期中最为常见的活动，其基本过程包括故障诊断与定位、故障零部件拆卸、零部件故障排除、零部件安装等。可维修性是用户非常关心的产品性能，良好的可维修性包括能够方便、快捷地进行零部件拆卸、检测和更换等操作。

　　在传统设计方法中，可维修性检测依赖设计人员的空间想象能力和工程经验。即使是在三维 CAD 系统中，可维修性检测也很难进行。维修仿真技术为电子设备的可维修性检测提供了直观的手段，图 3-92 显示了在维修仿真环境中对产品进行可维修性检测的过程，包括肢体可达性分析、视觉可达性分析、可拆卸性分析、人体舒适性分析和安全性分析。

（a）肢体可达性分析　　　　　　（b）视觉可达性分析　　　　　　（c）可拆卸性分析

（d）人体舒适性分析　　　　　　　　　　（e）安全性分析

图 3-92　设备的可维修性检测

第4章

电子设备数字孪生系统的建模理论与方法

本章首先介绍系统建模理论和 MBSE（Model-Based Systems Engineering）方法；然后介绍复杂数字孪生体的层次化建模理论和应用方法；最后给出复杂数字孪生体的应用案例。

4.1 系统的建模理论和 MBSE 方法

4.1.1 系统建模理论的发展

工业科技的发展是演进的，第二次世界大战前后，工程师认识世界和改造世界的"三论"——系统论、控制论和信息论逐渐成熟，在机械化和电气化的基础上，引发了第三轮工业革命。自动控制理论也从经典控制发展到现代控制、计算机控制，直到人工智能浪潮的兴起。

产品设计与产品制造是制造企业关注的两个重要方面，包括若干个环节，这些环节利用现代化技术通过人机交互进行工作。以往设计与制造是分离的，现在考虑将两者通过人工智能技术有机联系起来，将制造过程中有关产品质量的信息及时向设计环节反馈，使整个生产灵活有效，同时保证产品的高质量。

可按照四个阶段叙述系统工程的发展演进：20 世纪 70 年代美国发布 MIL-STD-499 标准，标志着系统工程方法形成初步体系；2015 年，ISO、IEC 和 IEEE 联合发布 ISO/IEC/IEEE 15288: 2015，意味着系统工程流程方法逐步走向成熟；随着计算机技术的飞速发展，基于模型的方法，如 ARCADIA/Capella 成为系统工程研究的重点；由于系统建模涉及的建模广度和建模要素非常宽泛，目前系统的建模语言和 MBSE 方法还在发展中，MBSE 要想达到像 CAD 技术那样对机械设计支持的成熟度，还有很长一段路要走。

4.1.2 基于模型的系统工程

对于复杂的电子设备系统，其数字孪生要实现从"形似"到"神似"才能加速产品创新。过去四五十年间，全球 CAD/CAM/CAE 领域为此做了持续的努力，如今三维 CAD 数模和几何样机已达到逼真的水平。要做到"神似"，须在从"基于文档"的系统工程提升到"基于模型"的系统工程的基础上，进一步演进到"新一代 MBSE"。新一代 MBSE 应该是多层次、多物理场、动态、闭环的数字孪生，由计算机对设计空间自动寻优，并由一个数字线程系统支持设计方案的快速迭代。模型的复杂度、精确度和实时性随着产品生命周期的演进逐步提升。要实现基于数字孪生的正向研发理论，需建设两个基础平台，即全生命周期的管理平台及基于云和物联网的资源共享平台，并且提供三个维度的技术支撑——不同研发阶段的协同、不同子系统之间的集成，以及不同领域和不同学科之间的耦合。

在领域模型层面，计算能力遵从摩尔定律发展，有限元分析、有限差分法、边界元方法、有限体积法的数值分析工具的成熟，可解决工程中遇到的大量问题，其应用范围从固体到流体、从静力到动力、从力学问题到非力学问题。

4.1.3　数字孪生在 MBSE 中的应用路径

2002 年，Michael Grieves 博士在密歇根大学和 NASA 研讨会上第一次提出"数字孪生"（Digital Twin）的理念。他认为，随着复杂性的日益增加，现代产品系统、生产系统、企业系统本质上均属于复杂系统。为了优化、预测复杂系统的性能，需要一个可观测的数字化模型，一个产品的综合性的、多物理场的数字表示，以便在产品的整个生命周期维护并重复使用在产品设计和制造期间产生的数字信息。数字孪生在设计和制造过程中建立，并在产品生命周期中持续演进。一旦产品投入使用，其全生命周期历史将包括状态数据、传感器读数、操作历史记录、构建和维护配置状态、序列化部件库存、软件版本，以及更多提供服务和维护功能的完整产品图像。通过数字孪生可以分析产品的当前状态和性能，以调度预防和预测维护活动，包括校准和管理工具。结合维护管理软件系统，数字孪生可以用于管理维修部件库存，并且指导技术服务人员完成现场维护或升级。通过数据库中积累的实例，工业大数据分析工程师可以评估特定系列设备及其部件，并反馈给产品设计和工艺设计环节，用于产品和工艺的持续改进，从而形成闭环的数字孪生（Closed Digital Twin）。

实施针对复杂装备系统 MBSE 的闭环数字孪生，需要分别支持产品系统、生产系统、运行系统的数字孪生模型，并实现三大系统的一体化整合。若希望以高精度、高可信度建立这三类模型，需要理论和时间的创新：在产品系统数字孪生领域，要发展新一代 MBSE，用于预测物理结构和特征、物理绩效特征、环境响应、失效模型等；在生产系统数字孪生领域，要利用生产系统工程（Production System Engineering，PSE），对各生产系统要素、产线、车间、供应链系统进行建模和仿真，用于优化物理布局和特征、产能和利用率、产出和节拍；在运行系统数字孪生领域，要打造工业物联网（Industrial Internet of Things，IIoT），提供物理系统的实时运行状态，优化运营水平，预测维护，并对设计进行验证。

4.2 复杂数字孪生体层次化建模理论

4.2.1 复杂数字孪生体的特征和建模过程

1. 复杂数字孪生体的一般特性

数字孪生是虚拟空间中物理实体的映射。可以认为，数字孪生的特性是其更能反映现实。施莱希等人提出了数字孪生思想参考的四个重要特征：可伸缩性、互操作性、可扩展性和高保真度。可伸缩性是指可提供不同规模的洞察力；互操作性是指在不同模型表示之间转换、组合和建立等效性的能力；可扩展性是指可快速集成、添加或替换数字孪生；高保真度意味着非常接近物理实体。

复杂数字孪生具有更多功能、更多构成尺度、更多维度数据、更多场景等内涵。庄[1]等人将复杂的产品装配过程按照粒度维度划分为产品、装配、零件。庄所说的粒度相当于空间跨度。复杂数字孪生的空间跨度可能很大，跨越不同尺度，因此复杂数字孪生的可伸缩性是能够在相应尺度上呈现正确的数据并隐藏不相关的数据。Platenius-Mohr 将互操作性定义为"两个或多个系统或应用程序交换信息并相互使用已交换信息的能力"。复杂数字孪生可能由许多简单的数字孪生模型组成，复杂数字孪生的互操作性不仅是同一对象中不同模型表示之间的转换和组合能力，而且包括不同对象间的转换和组合能力。谢[2]等人认为高可扩展性意味着开发环境便于程序员扩展或更改系统设计解决方案和产品解决方案。值得注意的是，复杂数字孪生的可扩展性是集成、添加或替换不同对象模型的能力。刘[3]等人提出的高保真度意味着在分析了 240 篇关于数字孪生的学术出版物后，数字孪生可以尽可能准确地模拟物理实体在虚拟空间中的行为。受限于当前的建模方法和计算能力，很难构建一个完全等同于物理实体的复杂数字孪生体。因此，复杂数字孪生的保真度是在所需功能或行为上尽可能接近物理产品的能力。

2. 复杂数字孪生体的特殊特征：以车间为例

以数字孪生车间为例进一步说明复杂数字孪生体的特征。车间是一个多尺度的系统，其数字孪生的数据通常需要以不同的维度呈现。例如，当研究对象为整个车间时，关键数

---

[1] ZHUANG C B, GONG J C, LIU J H. Digital twin-based assembly data management and process traceability for complex products, J. Manuf. Syst. 58 (2021) 118-131.

[2] XIE G, YANG K, XU C, etl. Digital twinning based adaptive development environment for automotive cyber-physical systems, IEEE Trans. Ind. Inf. 18 (2022) 1387-1396.

[3] LIU M, FANG S, DONG H, etl. Review of digital twin about concepts, technologies, and industrial applications, J. Manuf. Syst. 58 (2021) 346-361.

据通常包括生产调度、产品合格率、能耗等。当研究对象为机床设备时，关键数据将变为主轴转速、进给速度、电动机电流。因此车间的规模（层）可以包括生产、单位和设备。

此外，车间的不同层还包括多个上下文。例如，车间层包括生产调度、用电统计等上下文，设备层总结数据监控、远程控制、故障诊断等上下文。如图 4-1 所示，车间是一个复杂的系统，其数字孪生应具备以下特点。

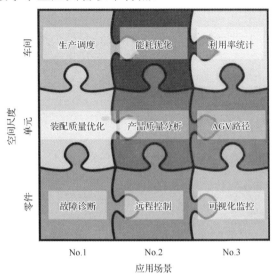

图 4-1　车间数字孪生体

1）可伸缩性

可伸缩性是指在复杂的数字孪生车间中表达的内容和数据可以随着研究对象的变化而自适应地变化。当研究对象是车间时，数字孪生显示生产计划、生产效率等。当研究对象为生产线时，数字孪生显示机床的状态、AGV 的位置等。当研究集中在某些设备上时，数字孪生显示动作、健康状况等。

2）互操作性

数字孪生车间包含许多对象的虚拟模型，每个虚拟模型可能由几何模型、物理属性、行为模型和规则等组成，以实现复杂的功能。互操作性意味着模型可以交互，这些模型可以属于同一个对象，也可以属于不同的对象。例如，机床行为模型的数据可以驱动几何模型的运动，AGV 的行为模型和机械臂的行为模型之间的交互可以实现它们的协同。

3）可扩展性

在车间，设备的数量、类型甚至位置布局都可以随着总体规划而调整。因此，可扩展性意味着当物理空间或功能需求发生变化时，可以通过简单的操作重新配置数字孪生体，以保持与物理实体的同步。

4）高保真度

虽然现阶段不可能让虚拟模型和物理实体完全一样，但是可以通过一些方法尽可能地提高模型的保真度，比如，考虑更多的模型影响因素、使用更先进的算法等。

3. 复杂数字孪生体的建模过程

很难一次性直接构建一个复杂的数字孪生模型，因为它涉及不同的规模和背景。于是提出了基于分割-组装的建模思想来构建复杂的数字孪生体，如图 4-2 所示。首先，将复杂数字孪生体划分为几个简单且可实现的数字孪生体。要解决的问题是如何划分一个复杂的数字孪生。由于复杂的数字孪生涵盖了不同的尺度和上下文，因此可根据尺度将其划分为不同的层，进而划分为不同的上下文；然后将这些简单的数字孪生组装成一个功能更复杂的复杂数字孪生。如何组装是另一个重要问题。本体模型可提供一个合适的容器来融合研究对象的相关信息。知识图谱是描述简单数字孪生体的尺度关联的有效工具。上下文的交互也是需要解决的关键问题，可通过简单数字孪生体之间的行为交互和计算迭代来实现。

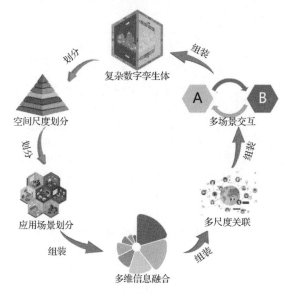

图 4-2 数字孪生体的建模过程

4.2.2 4C 架构中复杂数字孪生体的划分

根据系统科学理论，复杂系统的层次划分是多样的，可以按照时间、空间、运动状态等多种不同的标准进行划分，而划分后的不同对象往往具有不同的功能。塞梅拉罗等人指出，复杂系统通常涵盖从精细细节到大型系统的不同尺度，不仅如此，他们还列出了主要应用上下文的不同场景。因此，复杂的数字孪生体应根据空间尺度进行划分，然后根据功能划分为不同的上下文。此外，张[①]等人提出复杂系统的建模通常需要重用大量现有模型。因此，复杂系统划分后的简单数字孪生在现有技术条件下应具有可实现性。应将数字孪生的一些通用功能或服务封装为组件，以实现数字孪生模型的复用。出于对

① ZHANG L, ZHOU L, B.K.P. Horn, Building a right digital twin with model engineering, J. Manuf. Syst. 59 (2021) 151-164.

软件是数字孪生的最终载体的考虑，复杂系统的底层应该是用于开发组件的代码层。

在此基础上，本节针对复杂数字孪生体的划分提出了一种 4C 架构，如式（4-1）所示，这是一种层次化的划分方法。4C 架构包含组合、上下文、组件和代码。组合将数字孪生分为不同的层（尺度），上下文是具体的应用场景，组件是构建简单数字孪生的功能单元，代码是组件的具体实现。4C 架构的详细结构如图 4-3 所示。

$$M_{DT} = (\text{Composition}, \text{Context}, \text{Component}, \text{Code}) \qquad (4\text{-}1)$$

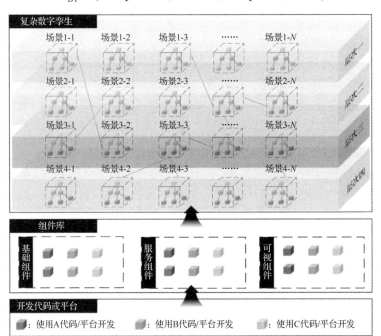

图 4-3　4C 架构的详细结构

4C 架构的实现过程如下：首先，将复杂的数字孪生体划分为不同尺度的若干层，确定不同层的有效表达元素和可忽略的细节。然后将其划分为不同的应用上下文，使得划分的简单数字孪生体只关注特定的功能。之后，将每个简单的数字孪生体按照具体的实现流程划分为若干个功能组件。在明确各组件输入、输出及与其他组件关系的基础熵后，使用合适的编程语言或平台对组件进行开发和封装。最后，将同一上下文中的组件集成起来，构建简单的数字孪生。

1. 在组件和场景中划分复杂的数字孪生

组件：复杂数字孪生中的物理实体通常属于不同的上下文，并且，不同语境的空间跨度太大，无法同时显示，因此需要进行不同尺度的划分。复杂的数字孪生体可以分为若干层，分为不同的尺度，如系统、单元、设备和零件。不同层次需要表达的元素是不一样的。系统层包含复杂数字孪生的所有对象及其环境，系统层数字孪生所表达的要素包括整体系统运行条件、运行规则、资源消耗、产品输出。单元层可以由多台设备组成以达到一定的目标，单元层所表达的要素大多与功能相关，如任务进度、生产效率、产品精度等。设备层是任务执行者的最小单位，包含与设备功能相关的重要可动部件，通常需要对其进行监控或控制,如伺服电动机、主轴等。零件层表达元素集中在关键的几何属性和物理属性方面,如尺寸、设备的位置坐标和运行状态、静态或动态属性。子零件层可以是零件尺寸以下的实体,可以构成零件,如齿轮到主轴,也可以是零件上发生的微观效应,如变形、应力、流体。因此,整个复杂数字孪生的建模元素和数据在不同的层有选择地表达,而这些所需的数据是通过传感器、设备的控制器或附加的边缘控制器获得的。

场景:即使在同一层,数字孪生也涵盖多个场景,在多场景下构建数字孪生并不容易。因此,除不同尺度的划分外,多语境的划分也是必不可少的。分层之后,数字孪生体可能仍然包含许多物理实体,甚至一个特定的物理实体也可能有许多应用场景。通过场景的划分,可以相应地简化数字孪生。在特定的简单数字孪生体中,通常只考虑单一或有限的场景,可以将数字孪生体中不属于当前场景的参数隐藏或视为常数,进而简化机理模型的数学表达。场景划分后,一个数字孪生只能集中在一个尺度上,一个场景就变成许多简单的数字孪生。对于每一个简单的数字孪生,都可以确定它的具体实现步骤,包括输入数据和输出结果、结构、功能组成,以及实现流程。

数字孪生在尺度和场景上的划分如图4-4所示。显然,这种两层划分方法将复杂的数字孪生变成许多简单的模型。这种划分方法使复杂的数字孪生具有一定的可扩展性。它允许在相应的层和上下文上表达不同的元素和数据,提供不同尺度的洞察力。将一个复杂的数字孪生分成许多简单的数字孪生也有一些缺点。物理实体,如设备、材料、人,是包含多维信息的个体,但不同尺度和场景的划分使它们成为许多离散的部分,其中任何一个部分只记录它的一部分信息,而非物理实体的完整表达。具体来说,虽然不同尺度的划分可以让数据在四层上表达,却也将一些跨尺度物理实体的属性划分到不同的层中。另外,多上下文划分后,数字孪生仅考虑与当前应用场景相关的参数,导致物理实体的部分属性被忽略,模型的保真度也会降低。

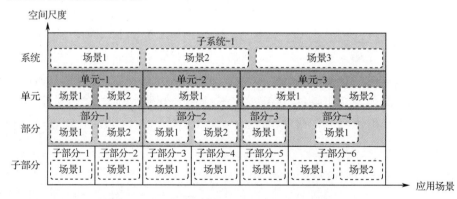

图4-4　数字孪生在尺度和场景上的划分

2. 在组件和代码中构建简单的数字孪生

在划分了复杂的数字孪生之后,下一步就是构建简单的数字孪生。数字孪生的开发和实现方式多种多样,不同开发者在实现中使用的软件和开发平台也多种多样,这也导致数字孪生的可移植性和可扩展性较差。然而,在构建不同应用场景的数字孪生的过程中,还有很多相似的任务。考虑到软件是数字孪生的载体,程序和代码的复用也很重要。

为减少数字孪生开发中的重复性工作，应将相似的任务按功能抽象成多个独立的标准化组件，然后构建数字孪生的组件库，以有效提高数字孪生的可移植性和可扩展性。

组件：如图 4-5 所示，数字孪生的组件按功能可分为基础组件、服务组件和可视化组件。简单数字孪生的基础组件主要与数据相关，如数据库操作（包括读写）、数据预处理等。服务组件的功能是基于机理模型和数据模型对实时采集到的数据进行分析，从而实现仿真、预测和优化等。可视化组件用于构建人机交互界面，将界面上的内容可视化。

图 4-5　数字孪生的组件划分

组件虽然种类繁多，但基本上可按照两种结构组织起来，如图 4-6 所示。第一种结构如图 4-6（a）所示，以数据的操作为中心，包括"数据输入—数据处理—数据输出"。其中，数据处理是所需功能的核心。数据输入的来源包括数据库中的原始数据和其他组件的输出。数据输出包括虚拟空间中的其他组件和物理空间中的实体。第二种结构如图 4-6（b）所示，以数字孪生模型为中心，包括"几何—物理—行为—规则"。几何是物理实体的 CAD 模型；物理包括物理实体的物理属性，可以通过 ANSYS 等软件进行模拟；行为是物理实体在内外因素作用下的反应，可以通过马尔可夫链、神经网络等方式构建；规则是从数据中挖掘出来的，通常通过机器学习或其他算法生成。

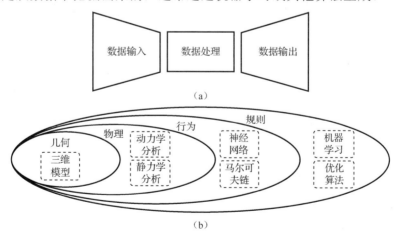

图 4-6　组件的结构

组件中应提前预留可变参数的接口，以便修改参数。组件的接口主要包括名称、ID、IP、组合、上下文、数据输入、数据输出、其他可变参数、描述。名称是组件功能的概括；ID 是数字孪生系统中的唯一标识；IP 用于与网络内的设备进行通信。组合和上下文分别代表 4C 架构中简单数字孪生的层和场景；数据输入和数据输出是组件交互的接口。值得注意的是，组件中还有其他可变参数，如数据采集组件的采集频率，数据分析组件的数据维度，这些也需要接口。此外，预留接口用于记录组件功能的详细描述，未来可通过文本识别等人工智能技术分析组件的相关性。

代码：代码是开发简单数字孪生的最后一步。组件的开发过程通常依赖于多种编程语言或开发平台，因此广义上的代码不仅包括编程语言代码，还包括开发平台和软件工具。根据实际需要选择合适的编程语言或平台。基于代码开发的各类功能组件需要按照上述结构进行组织，如数据输入、数据处理、数据输出，或几何形状、物理属性、行为、关系规则，最后预留相应接口，以便后续的组件使用与修改。

功能的组件化使得复杂的数字孪生具有一定的可扩展性。在 4C 架构中，组件是构成简单数字孪生体的最小功能单元，因此数字孪生体的演进和更新是通过组件的创建、修改和删除来实现的，相应的详细操作过程如图 4-7 所示。在创建新的数字孪生体时，根据功能分析和组件划分的结果，依次判断组件库中是否存在可以实现该功能的组件。如果该组件已经存在，则可以直接使用。如果该组件不存在，则应开发该组件并将新组件同步到组件库中。最后，通过连接不同类型的组件来实现数字孪生的功能。修改数字孪生时，需要对组件进行离线或在线功能测试。只有通过测试的组件才能替代原厂组件。同时修改后的组件需要更新到组件库中，通过添加版本号和描述来区分。在删除数字孪生时，由于组件之间可能存在功能依赖关系，因此需要分析组件的相关性，以确保删除组件不会影响系统的功能。

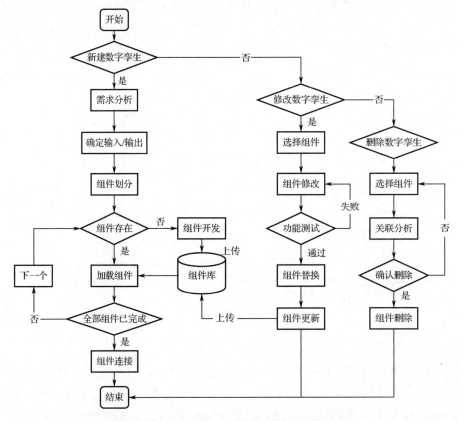

图 4-7 数字孪生体的创建、修改和删除过程

4.2.3　简单数字孪生体到复杂数字孪生体的组装

简单数字孪生在上面的分析中已经被划分为特定的尺度和上下文，但是这些简单的数字孪生仍然是相互独立的。组装复杂的数字孪生体时，需要考虑信息融合、多尺度关联和多上下文交互。1993 年，Gruber 给出了信息科学领域中第一个被广泛接受的本体正式定义。本体模型提供了计算机可理解的语义描述，可以作为容器来融合相关的多维信息。拉坦齐等人提出必须将通用本体和语义定义为对数字孪生的对象和属性进行建模的基本步骤。此外，ISO 23247-3 的附件中给出了一些示例（如人员、设备和材料等）的 XML 描述，这是用于定义制造数字孪生框架的专用标准。知识图谱最早由谷歌提出，可用于构建节点间的语义关系网络，是描述尺度关联的有效工具。罗扎内克等人提出本体可用于编码车间中物理实体的背景知识及相关属性，知识图谱可用于建立实体间的关联关系，从而为数字孪生带来认知能力。多上下文交互可以通过相关简单数字孪生的行为分析和迭代来实现，但具体的交互和迭代方式需要根据实际情况选择。

1. 基于本征模型的信息融合

在第 4.2.2 节中讲到，可以将复杂数字孪生的数据放入不同的尺度中，例如分为四层：系统、单元、设备和零件。根据应用功能分为不同的场景。划分后，同一物理实体可能同时存在于多个应用上下文中。物理实体的属性分散在许多简单数字孪生体中。然而，在复杂的上下文应用中，需要将简单数字孪生体的数据和属性整合到一个完整的数据库中，以实现物理实体的高保真映射。因此，需要一种能够融合不同尺度和上下文的简单数字孪生信息的容器。本体模型经常用于计算机科学领域。它是用于描述个体（实例）、类（概念）、属性和关系的概念模型。本体模型提供描述物理实体的数据结构，可用于信息共享和融合。可扩展标记语言、资源描述框架和 Web 本体语言是常见的本体语言。Protégé、XML 编辑器和其他开发工具可用于构建本体模型。

复杂数字孪生的本体模型结构如图 4-8 所示。基于本体的数据模型可能来自几个简单的数字孪生。数据构成可以分为三类，即基本属性、技术属性和状态属性。基本属性提供物理实体的一般描述，如名称、ID、序列号。技术属性描述物理实体的物理结构和技术性能，包括几何尺寸、质量、载荷等。基本属性和技术属性构成本体模型的静态数据，这些数据通常需要人工录入。状态属性主要与设备的实时数据有关，也是本体模型的动态数据，如整体运行状态、位置、角度、速度等。部分数据可以通过数据采集软件自动获取；其他数据可能需要手动输入。

复杂数字孪生的本体模型包含所有相关的简单数字孪生的属性，可以扩展或修改。在信息融合的过程中，有些数据是冗余的。例如，即使在不同的简单数字孪生中，相同设备的名称、ID 也应该相同，这些相同的数据只需要记录一次。另外，每个简单数字孪生所独有的数据都需要记录在复杂数字孪生的本体模型中。当简单数字孪生的参数发生变化或创建新的参数时，本体模型的数据可以相应更新。

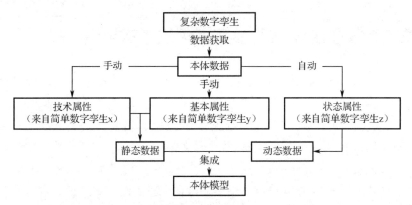

图 4-8　复杂数字孪生的本体模型结构

　　基于本体的信息融合流程如图 4-9 所示。信息融合后的本体模型参数过多，实时更新所有参数会占用大量计算资源，并非所有参数都需要实时更新。为了解决这个问题，静态数据和动态数据以不同的方式更新。静态数据在数字孪生创建时初始化，动态数据在数字孪生工作过程中实时更新。这样既能满足应用需求，又能减轻软件的负担。此外，这些动态属性也应该是可修改的，以适应新应用环境中的新需求。

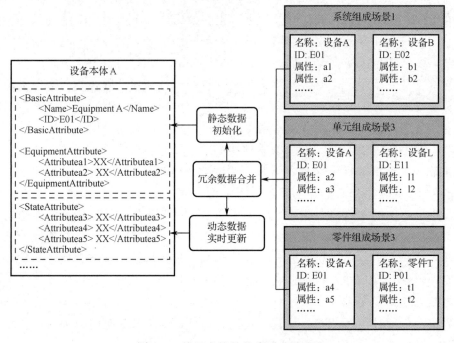

图 4-9　基于本体的信息融合流程

2．基于知识图谱的多尺度关联

　　知识图谱最早由谷歌于 2012 年提出，应用于谷歌搜索引擎中的信息检索，通过对目标信息的语义检索，可以提高信息检索的效率和质量。最近，知识图谱被广泛用于自然语言处理、智能分析、推荐系统等。知识图谱的本质是一个语义网络，它揭示了物理实体之间的关系。知识图谱的构建通常需要与知识相关的多种技术，如知识抽取、知识融合等，而三元组是知识图谱的一般表示，主要包括两种基本形式："实体—属性—值"和"实体—关系—实体"。在知识图谱的图形表示中，节点和线用于描述这些三元组，节点代表物理实体或属性值，节点由线连接，线也称为边，代表属性或各种语义关系。

复杂的数字孪生应该能够根据需要以不同的比例显示实体，模型、数据和行为可以随着视角的变化而相应地调整。可以使用知识图谱来实现上述功能。在图 4-10 中，知识图谱的数据结构可以分为两类，即类和实例。类包括节点的类型、子类型和从属关系。在这里，类型与系统、单元、部分和子部分等数字孪生的层是一致的。子类型是对象的详细信息，如主轴、机床、生产单元。在从属关系中，一个父节点通常对应几个子节点，而一个子节点只对应一个父节点，所以通过记录父节点来表示从属关系。

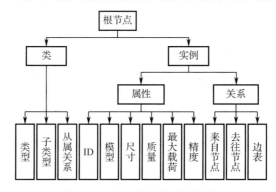

图 4-10　知识图谱的数据结构

实例是指物理空间中的一个特定对象，其有两个类别，即属性和关系。属性包括对象的 ID、大小、质量和其他基本属性。关系包含与当前节点关联的节点的 ID 及这些节点之间的关系描述。在上述结构中，实例的类和属性是在本体模型中提供的，然后可以根据知识图谱确定这些简单数字孪生的关系。

图 4-11 显示了不同规模的复杂数字孪生中的知识图谱示例。结构中的类记录了数字孪生及其父节点的规模，因此知识图谱可以在不同规模的数字孪生之间架起一座桥梁。此外，复杂数字孪生显示的数据可以按照以下策略进行选择：如果一个节点的所有子节点都包含在场景中，则忽略这些子节点的属性和关系；相反，如果一个节点只有部分子节点包含在场景中，则忽略父节点的属性和关系。

3. 基于行为分析和迭代的多场景交互

实际的物理过程通常是多语境相互作用的结果。在复杂的数字孪生系统中，场景的交互可以使虚拟实体更真实地反映物理实体的状态。如图 4-12 所示，数字孪生的多场景交互可以概括为三种类型：叠加、传输和迭代。叠加是数字孪生输出的直接相加。对于独立的数字孪生，由于它们之间没有交互，所以场景的交互是输出结果的直接相加。传输是指将一个数字孪生的输出作为另一个数字孪生的输入，适用于单向计算。例如，如果场景 A 的计算需要场景 B 的输出，则需要先计算场景 B，然后将 B 的结果作为 A 的输入，从而得到最终的结果。迭代意味着两个相互影响的数字孪生的输出。

场景 A 和场景 B 相互关联,适合双向交互。在这种情况下,场景 A 的输出影响场景 B,场景 B 的输出也影响场景 A。当两个场景交互时,首先计算场景 A 的输出并将其作为场景 B 的输入,然后将场景 B 的输出作为场景 A 的输入。重复上述过程,直到最终结果收敛为止。

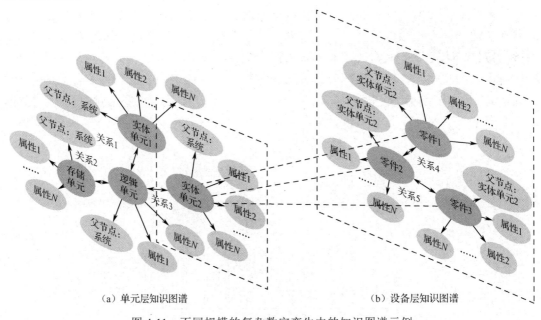

（a）单元层知识图谱 　　　　　　　　　　（b）设备层知识图谱

图 4-11　不同规模的复杂数字孪生中的知识图谱示例

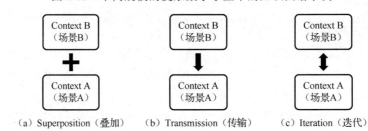

（a）Superposition（叠加）　（b）Transmission（传输）　（c）Iteration（迭代）

图 4-12　多场景数字孪生的交互

实现复杂数字孪生的多上下文仿真的关键是找到数字孪生的关联中间变量。可以列出数字孪生的输入、输出及所有服务组件的输出,对比分析不同数字孪生的变量,找到关联的中间变量。如果关联的中间变量不存在,则选择叠加来更新两个数字孪生的输出。如果一个数字孪生的输出是另一个数字孪生的中间变量,则选择传输方式更新数字孪生的输出。反之亦然,数字孪生的交互是通过迭代实现的。为了防止数字孪生的更新陷入死循环,需要设置迭代的终止条件。例如,终止条件可能是相邻输出的误差小于 0.01(1%)或迭代超过一定次数。

复杂数字孪生的应用方法

4.3.1　多源异构数据集成

1. 多源异构数据的统一表达

结构化数据是指数据结构规则、由二维逻辑结构表达的数据。非结构化数据是指数据结构不规则、不能很好地利用数据库的二维逻辑来表达的数据。对于数控加工过程中的多源异构数据的集成，首先从结构化数据和非结构化数据两个方面定义数据的统一表达式。

对于结构化数据，定义结构化数据元数据 Structured_meta：

$$\text{Structured\_meta} = \{\text{item}, \text{value}, \text{time}\} \tag{4-2}$$

式中，item 表示具体的数据项（如数控机床主轴的某测量点的温度项），属于 String 类型，即 $\text{item} \in \text{String}$；value 表示数据项的值（如数控机床主轴的某测量点在某时刻的温度值），属于 Numeric 或 Boolean 类型，即 $\text{value} \in \text{Numeric} \cup \text{Boolean}$；time 表示数据项的值的采集时刻（如数控机床主轴的某测量点温度值相对应的时刻），属于 Numeric 类型，即 $\text{time} \in \text{Numeric}$。

定义结构化数据访问 Structured_access：

$$\text{Structured\_access} = \{\text{equipment}, \text{group}, \text{subgroup}\} \tag{4-3}$$

式中，equipment 是对设备的描述（如数据源设备的 ID），属于 String 或 Numeric 类型，即 $\text{equipment} \in \text{String} \cup \text{Numeric}$；group 是对数据父组的描述，属于 String 或 Numeric 类型，即 $\text{group} \in \text{String} \cup \text{Numeric}$；subgroup 是对数据子组的描述，属于 String 或 Numeric 类型，即 $\text{subgroup} \in \text{String} \cup \text{Numeric}$。group 和 subgroup 用于降低数据索引的时间复杂度和提高数据组织的性能。

结构化数据的表达 Structured_data：

$$\begin{aligned}\text{Structured\_data} &= \{\text{Structured\_access}, \text{Structured\_meta}\} \\ &= \{\text{equipment}, \text{group}, \text{subgroup}, \text{item}, \text{value}, \text{time}\}\end{aligned} \tag{4-4}$$

对于非结构化数据，计算机中存储时一般有相应的文件格式，如热成像仪拍摄的温度分布照片的文件格式为 JEPG，数控加工代码的文件格式为 NC。非结构化数据具有异构性，可采用将非结构化数据转换成二进制数据的方法消除异构性。图 4-13 所示为图像数据转换成二进制数据方法的代码实现。

定义非结构化数据的元数据 Unstructured_meta：

$$\text{Unstructured\_meta} = \{\text{item}, \text{num}, \text{blob}, \text{time}\} \tag{4-5}$$

式中，item 表示非结构化数据具体的数据项，属于 String 类型，即 $\text{item} \in \text{String}$。由于二进制文件的大小因素，采用块编号 num 和二进制块 blob 表示二进制数据。num 表示 blob

的编号，属于 Numeric 类型，即 $num \in Numeric$。blob 表示数据项的二进制数据，属于 String 类型，即 $blob \in String$。blob 对应 MySQL 数据库的 BLOB 类型，包括 TinyBlob（255B）、Blob（65KB）、MediumBlob（16MB）、LongBlob（4GB）四种。time 表示数据项的二进制数据的采集时刻，属于 Numeric 类型，即 $time \in Numeric$。

```
1    public static byte [] image2Binary(String imagePath){
2            File img = new File(imagePath); // 读取文件
3            BufferedImage bi; //将图片读取到缓冲区
4            try {
5                    bi = ImageIO.read(img); //转变成IO流
6                    ByteArrayOutputStream baos =new ByteArrayOutputStream();
7                    // 声明二进制数组输出流，用作存储
8                    ImageIO.write(bi, "jpeg", baos);
9                    // 将缓冲区的IO流输出到二进制流中
10                   byte[] bytes = baos.toByteArray(); // 格式化数组
11                   baos.close();//关闭
12                   return bytes;//返回数组
13           } catch (IOException e) {
14                   // 捕获异常
15                   e.printStackTrace();
16           }
17           return null;
18   }
```

图 4-13　图片数据转换成二进制数据方法的代码实现

定义非结构化数据访问 Unstructured_access：

$$Unstructured\_access = \{equipment, group, subgroup\} \quad (4\text{-}6)$$

非结构化数据访问中的 equipment、group、subgroup 的含义和结构化数据中的保持一致。非结构化数据的表达 Unstructured_data：

$$Unstructured\_data = \{Unstructured\_access, Unstructured\_meta\}$$
$$= \{equipment, group, subgroup, item, num, blob, time\} \quad (4\text{-}7)$$

基于上文提出的结构化数据和非结构化数据的表达，定义结构化数据和非结构化数据的统一表达 Data：

$$Data = \{type, access, meta\} \quad (4\text{-}8)$$

其中，type 表示数据的类型是否为结构化数据，属于 Boolean 类型，即 $type \in Boolean$；access 表示数据访问；meta 表示元数据。

当数据为结构化数据时：

$$Data = \{type, access, meta\}$$
$$= \{type, equipment, group, subgroup, item, value, time\} \quad (4\text{-}9)$$

当数据为非结构化数据时：

$$Data = \{type, access, meta\}$$
$$= \{type, equipment, group, subgroup, item, num, blob, time\} \quad (4\text{-}10)$$

2. 基于 Json 的多源异构数据集成算法

对数控机床加工过程的监控，在实时性、查询效率、扩展性等方面有一定的要求。数据集成的目的在于提高系统数据访问的性能，在数据统一表达的基础上，本节使用 Json 对数控机床加工过程的多源异构数据进行整合。对于数控加工过程中的实时多源异构数

据的集成，首先对原始数据进行解析，然后利用多源异构数据的统一表达对数据进行封装，使得数据的传输、访问和拓展等方面的性能满足虚拟监控系统的需求。多源异构数据集成流程示意图如图 4-14 所示，首先接收来自各数据源的数据，形成原始数据；然后对原始数据进行解析，对结构化数据和非结构化数据进行相应处理；最后采用上文提到的多源异构数据统一表达方法，对数据进行封装，形成集成数据。

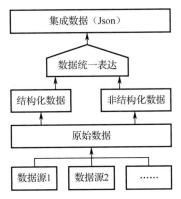

图 4-14　多源异构数据集成流程示意图

在数据统一表达的基础上，本节设计了实时多源异构数据集成算法，如图 4-15 所示。

```
1    While(true){
2            Boolean type = getDataType();
3            < T > equipment = getEquipment();
4            < T > group = getGroup();
5            < T > subgroup = getSubgroup();
6            String item = getItem();
7            Numeric time = getTime();
8            if(type == true){
9                    < T > value = getValue();
10                   String info = integratE(type,equipment,group,subgroup,item,value,time);
11           }
12           else{
13                   Numeric num = getNum();
14                   String blob = getBlob();
15                   String info = integratE(type,equipment,group,subgroup,item,num,blob,time);
16           }
17           Json jsonData = encapsulate(info);
18   }
```

图 4-15　实时多源异构数据集成算法

实时多源异构数据集成算法主要包含以下几个步骤：

（1）数据采集：从数据采集方法抽象和数据类型抽象两个方面进行数据采集设计，并针对不同类型设备的实时数据采集进行了设计。对于数据集成模块，在数据集成过程中，调用数据采集模块的相应 API 用于数据的集成。

（2）数据分类：在本书介绍的数据集成算法中，将数控加工过程的多源异构数据划分为结构化数据和非结构化数据两类，提出了结构化数据和非结构化数据的表达。

（3）数据解析：对数控加工过程中结构化数据进行解析，提取出数据访问信息和结构化数据元数据（数据项、数据值、数据对应时刻）。对数控加工过程中的非结构化数据进行转换，提取出数据的访问，将各类型的非结构化数据转换成二进制数据，根据数据的大小进行分块，形成非结构化数据的元数据（数据项、块编号、块、数据对应时刻）。

（4）数据封装：将数控加工过程中的结构化数据和非结构化数据封装成 Json 格式数据，便于后续可视化监控模块对数据的访问。

4.3.2　数字孪生模型物理规则融合方法

如图 4-16 所示，物理层面是数字孪生除几何层面外的又一重要部分，当前大多数的研究工作采用三维建模和数据驱动的方法实现电子设备数字孪生几何层面的融合，而物理规则方面的研究工作大多在概念层面。本节通过基于仿真数据回归计算建模的物理规则抽象与基于深度学习模型的物理规则封装，实现电子设备数字孪生物理层面的融合。

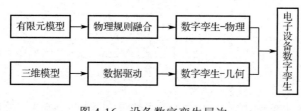

图 4-16　设备数字孪生层次

1. 基于仿真数据回归计算建模的物理规则抽象

电子设备数字孪生的物理层面是设备各个物理规则的集合。物理规则运算的一种高效方法是有限元仿真法，通过有限元仿真计算，能求解出物理量的值、分布等。由于设备数字孪生的确定性，即物理空间中的设备在数字空间中有确定的数字孪生对象，因此在进行基于数字孪生模型的有限元仿真时，如果针对确定的物理问题进行多组工况的有限元仿真计算，则导入模型、定义材料、划分网格等预处理步骤无需重复，仅需改变工况条件。但是对于复杂的问题和对象，有限元仿真方法存在计算时间过长的问题，因此在数字孪生中集成有限元仿真计算模块的方法性能比较有限。在真实的物理设备中，物理规则的发生是实时的，因此在数字孪生中，物理规则的计算时间不应过长。基于已有的仿真数据建立回归计算模型的方法，在一定的计算精度范围内，其求解时间比有限元仿真方法更具有优势。

基于仿真数据回归计算建模的物理规则抽象流程如图 4-17 所示，通过在数字孪生几何模型、材料属性、工况参数等基础上对问题进行分析，建立有限元分析模型；然后利用分析工具进行单元划分、网格控制、设定约束等前处理过程；再通过选择、计算、参数设定等求解方法完成工况求解；由于计算结果文件一般是较大的二进制文件，利用后处理工具做初步处理，以便后续进行数据处理；通过对多组工况参数的求解，形成结果数据集；最后利用结果数据集，建立回归计算模型，实现物理规则的抽象。

2. 基于深度学习模型的物理规则封装

根据通用近似定理（Universal Approximation Theorem），一个包含足够多神经元的多层前馈网络，可以以任意精度近似任意连续函数，如图 4-18 所示。

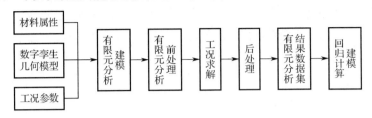

图 4-17　基于仿真数据回归计算建模的物理规则抽象流程

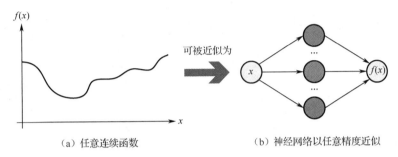

（a）任意连续函数　　　　　　　　（b）神经网络以任意精度近似

图 4-18　神经网络中以任意精度近似连续函数示意图

　　选取适当的参数，可以利用神经网络近似复杂的函数，利用神经网络的结构构建回归模型，从而建立起有限元仿真参数与有限元仿真结果的映射关系。深度神经网络是多隐藏层的神经网络，深度神经网络具有较强的特征学习能力，此外，深度神经网络在训练上的难度，可以通过"逐层初始化"来有效解决。深度学习是基于深度神经网络的学习，通过对有限元仿真数据做图像化处理，再基于深度学习构建物理规则的回归计算模型，实现物理规则封装。

　　基于深度学习模型的物理规则封装的流程如图 4-19 所示。为了便于模型训练及提升可视化性能，将有限元仿真工况参数数据和经过处理工具处理的有限元仿真结果数据进行图像化处理；将转化成图像后的数据根据深度学习模型再做进一步处理，制作深度学习的数据集；确定深度学习模型的类型，针对训练的对象在模型结构和学习过程上做调整和优化；将数据集划分为训练集和验证集，利用训练集和验证集对深度学习模型进行训练，调整深度学习模型的参数，使得模型效果最优；模型调优后，将深度学习模型打包，从而实现基于深度学习模型的物理规则封装。

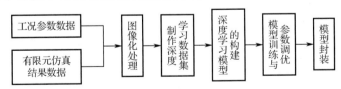

图 4-19　基于深度学习模型的物理规则封装的流程

4.3.3　基于包围盒与八叉树结构的剔除算法

　　剔除算法作为一种有效的场景加速方法，被广泛应用到多种仿真系统中。剔除算法的工作原理是通过对场景中不可见物体进行快速检索，并对此类物体进行预先删除，来提高虚拟场景的运行效率。基于包围盒与八叉树结构的剔除算法利用设备的形状、初始位置、运动方式、运动行程等数据对场景设备包围盒与八叉树结构进行创建与更新，借助场景设备包围盒与八叉树结构，实现场景内不可见物体的快速剔除。

1. 基于包围盒与八叉树结构的剔除算法介绍

包围盒是指用来代替复杂模型的简单几何体，按照创建方式的不同，可分为轴向包围盒、方向包围盒、包围球、固定方向凸包包围盒等，如图 4-20 所示。

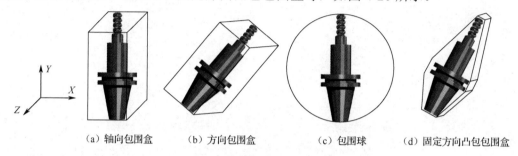

| (a) 轴向包围盒 | (b) 方向包围盒 | (c) 包围球 | (d) 固定方向凸包包围盒 |

图 4-20　包围盒的类型

轴向包围盒在三维场景中的应用较早，其每条边均平行于坐标轴，包围盒的主要参数为 6 个顶点坐标值。该包围盒常用于空间物体的相交测试及碰撞检测，但是由于轴向包围盒的边与坐标系各个边平行，轴向包围盒在物体旋转后需要重新计算大小。

方向包围盒可根据所包围物体的几何形状来决定自身的大小与方向。方向包围盒比轴向包围盒更加精确，但是方向包围盒的生成与计算较为复杂，计算速度慢，难以满足柔性或动态场景。

包围球是最简单的一种包围体。包围球的关键数据为球心与半径。包围球相交测试比较简单，其对旋转物体有着良好的支持，但是其紧密性较差。包围球适合于在坐标轴三个方向分布均匀的物体。

固定方向凸包包围盒可看作轴向包围盒的拓展，且同时有凸包包围盒紧密性的特点，因此常用于柔体变形场景中。

车间内设备包围盒的创建应遵循以下两个原则：①紧密性。包围盒应足够贴近被包围的几何体。②简单性。包围盒为简单的几何体，且包围盒所需数据存储量应比所包围对象所需的数据存储量少。

基于树形图的空间场景分割方法是一种常用的场景管理方法。场景管理是指通过将物体绑定到分割后的层级三维空间中的组织方式，实现对所需物体进行快速查找的方法。在大规模、复杂场景中，良好的场景管理方法能够有效提高场景的实时性。现有的场景管理方法主要考虑性能与精度的关系，在同一个场景中，高空间分割精度会产生更多层级的树形结构，多层级的树形结构将影响子节点的查询效率。在进行空间场景分割时，通过合理安排树形结构，建立物体与节点的对应关系，可有效提升程序的运行速度。

三维场景中常用八叉树结构对空间进行分割，在基于八叉树结构的场景分割过程中，三维空间被分割成子层级的 8 个立方体区域，子立方体以同样的分割方式被继续细分，直至达到所需分辨率。场景的八叉树结构在场景初始化时生成，并且根据虚拟场景的运行状态实时更新。八叉树结构的深度影响场景的查询速度，在一个被 n 层八叉树结构所分割的场景中，搜索一个物体，最多需要经过 $8^{n-1}+1$ 次查询。

八叉树结构查询的具体流程如图 4-21 所示。

八叉树结构查询流程以先序遍历的方法对各个节点进行查询，具体步骤如下。

（1）遍历八叉树结构根节点的子节点，若模型不在子节点内，则查询后一个子节点，若模型在子节点内，则执行第二步。

（2）遍历子节点下一层级节点，方法如第一步，查找同层次节点，如有，则返回执行第一步。

（3）当查询至八叉树结构最大深度的最后一个节点时，遍历结束。

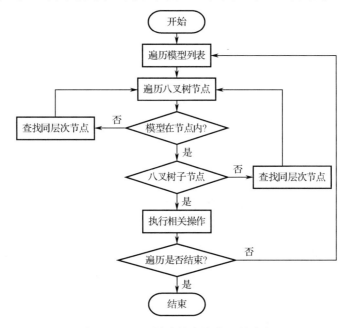

图 4-21　八叉树结构查询的具体流程

2．动态剔除算法的实现

整个场景处理的流程包括以下几个步骤：

第一步：利用场景分割算法构建场景分割区域，结合观察点位置对场景大块区域进行剔除。

第二步：利用包围盒，根据包围盒与视点的距离关系，对设备内部部件进行剔除。

第三步：利用视景体对视景体边界物体进行剔除。

为提高仿真系统的运行速度，在系统运行时，需依照设备的可见性实时、动态地对场景内不可见物体进行处理。在图形管线中，顶点着色器接收驱动数据、位置矩阵与相机矩阵完成设备的仿真变换，为减少绘制函数的调用次数，物体的剔除过程应位于图形管线之前。

八叉树结构利用相机矩阵进行实时更新,更新后的八叉树结构用于设备可见性的判断,以及不可见物体的剔除。场景的动态剔除方法有以下两种。

方法 1:利用相机矩阵完成设备包围盒与八叉树结构的更新,根据更新后的结果重构八叉树结构各个节点的数据,遍历八叉树结构,对场景不可见物体进行剔除。

方法 2:将设备包围盒与八叉树结构的更新过程与可见性判断结合,在更新八叉树结构的同时完成对设备的可见性判断。

在上述两种方法中,方法 2 相对方法 1 少一次对八叉树结构的遍历过程。设备的可见性判断以正序方式遍历八叉树结构,当父节点位置在视景体外时,父节点的子节点不可见,此时停止计算。因此方法 2 可避免执行对八叉树结构的完整遍历过程,通过与场景设备的可见性判断结合,可减小对不可见节点的计算量。场景的动态剔除方法 2 的执行流程如图 4-22 所示。

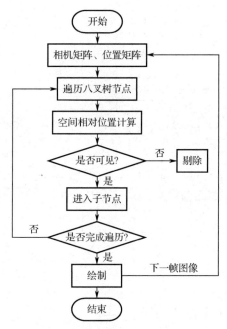

图 4-22　场景的动态剔除方法 2 的执行流程

在图 4-22 中,观察者在漫游过程中随机移动,故相机矩阵需实时更新,为保证图像的连续性,在每一帧图像的生成过程前均需要根据所接收到的相机矩阵对场景内动态物体包围盒与八叉树结构信息进行更新并执行剔除过程。当八叉树结构父节点不可见时,直接剔除当前父节点及其子节点,当父节点可见时,依次对其子节点进行遍历。三层八叉树结构场景遍历的伪代码如下:

```
for (i=0;i<8;i++)
    {
        if (节点 i 可见&&节点 i 为黑节点)
            for (j=0;j<8;j++){
                ……
            绘制节点内物体; };
```

```
    else if (节点 i 可见&&节点 i 为白节点)
        for (k=0;k<8;k++)
            {
                if (节点 k 为黑节点)
                绘制节点内物体；};
                for (p=0;p<8;p++){
                        if (节点 p 为黑节点)
                                绘制节点内物体；};
                };
    else if (节点 i 不可见)
        剔除该节点及其所有子层级节点；
        };
```

4.4　复杂数字孪生的应用案例

虚拟工厂三维仿真系统的设计目的是实现多种厂房设备的实时运动仿真过程、实际设备的实时运行状态能够真实地反映到虚拟场景中。操作人员能够借助键盘、鼠标等外部输入设备实现场景漫游，并且在不同角度完成对设备的观察。本节通过对仿真系统用户需求进行分析，完成仿真系统设计，并且借助绘制完成后的厂房模型对仿真系统的运行效率进行测试，研究影响仿真系统运行速度的主要因素。

1.　仿真系统设计需求

本节中的仿真系统基于某数控加工车间的真实加工环境，虚拟系统中的设备模型均根据实际设备测量所得，主要目标是实现虚拟工厂大规模场景的运动仿真，即在虚拟场景中实时展现实际工厂中设备的运行状态，同时对设备的部分运行信息进行展示。仿真系统能够在实时数据驱动下，保证虚拟设备与工厂实际设备运行状态的一致性及良好的场景流畅度。该仿真系统设计需求为：

（1）实现多种厂房设备的三维实时运动仿真。

（2）完成车间设备运行状态信息的实时展示。

（3）实现虚拟厂房环境的漫游效果。

（4）实现操作人员与虚拟场景的良好交互功能。

（5）保证虚拟系统在大规模厂房场景下的运行速度。

仿真系统在设计过程中主要完成以下功能：

（1）完成多种厂房设备的测量与建模工作。

（2）对设备进行运动学分析，求解设备的约束关系。

（3）根据对设备的运动学分析，完成不同种类运动形式着色器程序的编写。

（4）完成着色器加载、模型读取与重绘、场景相机等功能设计，并利用 GPU 实现场景设备的运动仿真。

（5）完成操作人员与三维场景的交互功能设计。

（6）完成模型包围盒与八叉树结构的创建，并利用其对场内模型进行管理。

2．仿真系统总体框架设计

虚拟工厂大规模场景运动仿真系统的实现基于开源图形库 OpenGL，OpenGL 中以图形管线的形式对输入数据进行计算后输出屏幕图像。现根据用户需求与设计目标分析，结合可编程管线的特点，设计仿真系统总体框架，如图 4-23 所示。

在图 4-23 中，输入数据根据自身特点分为两类：

第一类：模型数据与着色器源码。此类数据以文本文件的形式存储在计算机硬盘中。模型数据在系统初始化完成时被读取并发送至 GPU 显存中；着色器源码被编译成着色器程序并运行在 GPU 上。

第二类：交互数据、位置数据与驱动数据。系统初始化时交互数据与位置数据共同完成设备层次包围盒与八叉树结构的创建、更新与剔除过程；系统运行时交互数据与驱动数据共同发送至顶点着色器完成设备的运动仿真过程。可编程管线中数据单向传输，在程序运行时着色器根据接收到的各类数据循环计算每帧的图像。

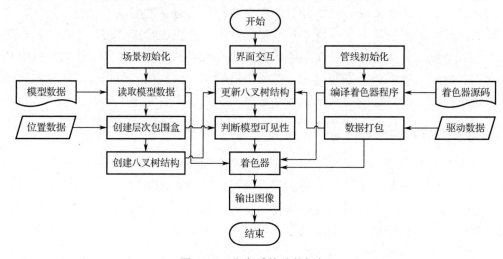

图 4-23　仿真系统总体框架

仿真系统的硬件开发平台为装有 Windows 7 操作系统的个人计算机，其软件开发平台为开源图形库 OpenGL、OpenGL 拓展库 GLEW、开源界面库 GLFW，以及开源库 Open Asset Import Library。

3．仿真系统界面设计

仿真系统界面设计的基本原则为：提供良好三维沉浸感的使用体验，并且能够实时显示设备的运行状态信息。陶艺文[①]等将沉浸感界面的构成要素分为易用性、空间感、流畅性和表现力 4 个方面。综合来说，即保证系统界面干扰小、保证场景的空间层次关

---

① 陶艺文，陈炳发. 沉浸感界面交互设计评估方法研究[J].机械制造与自动化，2017,46(05):169-173.

系、系统运行足够流畅，以及软件界面具有视觉美感。

本节中仿真系统的界面采用 IMGUI（Immediate Mode GUI）模式进行设计，IMGUI 模式常用于游戏引擎、3D 游戏、嵌入式设备用户界面实时刷新的场景中。传统的三维仿真系统界面将显示窗口以控件的形式链接到用户界面，其设计初衷并未考虑高效的三维图形界面刷新过程，故很少应用在实时三维场景中。IMGUI 模式的界面以控件的形式组织在系统主界面，并与主系统实时同步刷新，系统及用户界面的更新过程均由 GPU 完成，通过高效利用 GPU 的计算能力，IMGUI 模式下的界面刷新速度可达每秒上百帧。

仿真系统的主界面主要用于对厂房三维虚拟场景的显示，虚拟场景应与实际工厂布局完全相同，操作人员能够以第一视角的形式在场景内漫游。为保证场景的沉浸感，主界面以三维场景为主要展示对象，部分机床关键运行数据以图表的形式实时展示。仿真系统的主界面如图 4-24 所示。

图 4-24　仿真系统的主界面

4．仿真系统数据显示功能设计

数据可视化的意义为更好地分析数据、跟踪数据与掌握数据的变化规律，故原数据应具有实时动态的变化特性，根据数据特性生成可读性强的图表。仿真系统的数据可视化功能主要用来对场景内设备的运行状态进行实时展示，通过图形化的方式展示设备运行数据能够增强设备数据的呈现度，从而更好地体现设备在运行期间的变化规律。

按照不同的数据类型，厂房数据具有以下特点。

（1）可量化：数据值是可量化的，并能用数字来表示，如机床各个运动轴的运行位置。

（2）离散性：数据为离散点，且取值在有限范围内，如机床各个轴的运行行程。

（3）持续性：数据具有持续性。离散数据在时间广度上的延续，能够随数据产生的时间或规律绘制完整的变化曲线，如机床在一定时间内的加速值。

针对以上三类数据，对厂房的数据界面分别进行设计。数据界面主要展示的数据为：数控设备各个轴的当前运行位置；数控设备主轴的电流、电压跳动速度；当前加工过程进展；当前加工过程数控代码等。

根据以上需求，对数据界面进行设计。通过主菜单栏选择场景内的设备编号可调出当前设备的数据界面，不同设备的数据界面，其运动形式有所变化。仿真系统数据界面如图 4-25 所示。

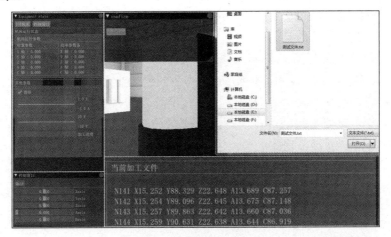

图 4-25 仿真系统数据界面

5．仿真系统性能指标

在三维仿真系统中，随着场景精细化程度的提高，场景内模型也愈加复杂，模型的顶点数量也相应增加。针对不同的计算机硬件配置，虚拟仿真系统的性能瓶颈也有所不同。总体来说，计算机的性能瓶颈有以下三种：CPU 计算瓶颈、数据传输带宽瓶颈和 GPU 计算瓶颈。大规模场景下影响仿真系统计算速度的瓶颈主要为 GPU 的计算能力，该瓶颈的最终表现形式为场景画面的刷新频率，仿真场景的动画由连续的图像构成，人眼对于场景流畅度的需求为屏幕图像的生成速度达到 30 帧每秒。

本节中仿真系统利用 OpenGL 开发，为检测系统的运行速度，通过计算两帧动画之间的生成时间间隔来显示当前场景的运行帧数。glfwGetTime()函数用于获取当前函数的执行时间，两次函数的调用时间分别计为 t_1 时刻、t_2 时刻，仿真系统的运行帧数 N 的计算公式为

$$N = \frac{1}{t_2 - t_1} \tag{4-11}$$

6．仿真系统的性能测试与分析

系统性能的影响因素与场景的顶点数目、场景灯光、材质纹理等有关，且当机床数量增多时，从复杂场景的测试对比中难以提取出场景性能的主要影响因素。现对场景内机床进行简化，在不同测试条件下只添加单一因素，并测试该因素对场景流畅度的影响。进行场景性能测试时，关闭场景内所有灯光效果与系统用户界面，以保证运行帧数的准确性。

虚拟仿真系统的性能指标由虚拟场景的运行帧数直接体现，相同场景下，虚拟仿真系统的帧数越高，仿真系统的性能越强。现以仿真场景的运行帧数为标准，以 5 台 STC800 机床为增量，通过逐步增加场景机床的数量至 100 台，记录场景内机床的总数量与运行

帧数的变化，场景中单台 STC800 机床的顶点数量为 2433。本节所用计算机硬件配置为：CPU：i5-2450M。内存：8GB。显卡：AMD HD7690。

仿真系统的测试对比条件如下：

（1）在机床未添加纹理的条件下，测试传统固定管线与本节所采用的 GPU 可编程管线之间的运行速度差距。

（2）在采用可编程管线时，测试纹理数据对场景流畅度的影响。

（3）在采用可编程管线与添加纹理的条件下，测试剔除算法对仿真系统性能的影响。

由于在进行机床绘制时场景的刷新速度有上下浮动，本节通过记录一分钟内场景稳定运行的帧数作为不同条件下仿真系统的实际帧数。机床数量与运行帧数统计表如表 4-1 所示。

表 4-1 机床数量与运行帧数统计表

机床数量	机床无纹理		机床添加纹理	
	固定管线	可编程管线	可编程管线	可编程管线+剔除算法
	运行帧数			
5	582	1023	235	223
10	374	921	128	125
15	264	819	88	87
20	204	755	65	86
25	167	675	55	84
30	143	643	42	84
35	123	581	39	71
40	107	548	30	71
45	96	518	30	62
50	92	484	27	60
55	81	462	24	61
60	73	445	23	59
65	69	415	21	60
70	63	391	20	58
75	60	386	19	59
80	56	354	17	58
85	53	336	16	57
90	51	334	15	56
95	46	315	15	56
100	45	318	13	54

利用表 4-1 中的数据分别绘制采用固定管线与采用可编程管线时的运行帧数折线图，如图 4-26 所示。

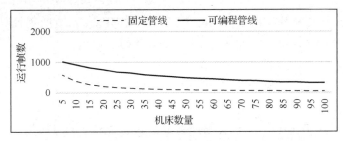

图 4-26　采用固定管线与采用可编程管线时的运行帧数折线图

由图 4-26 可知，随着机床数量的增加，在两种不同绘制方式下的运行帧数均逐步下降。可编程管线相对固定管线对场景运行帧数的提升比率如图 4-27 所示。

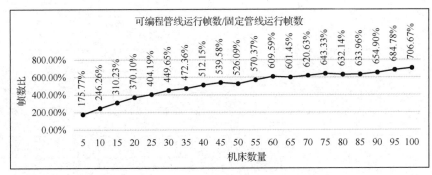

图 4-27　可编程管线相对固定管线对场景运行帧数的提升比率

由图 4-27 可知，采用可编程管线与采用固定管线的运行帧数比随着机床数量的增加而增加。当机床数量为 5 台时，采用可编程管线的仿真系统性能为采用固定管线时系统性能的 1.7577 倍，而当机床数量增大至 100 台时，前者的运行速度为后者的 7.0667 倍。在为机床添加纹理时，采用剔除算法的场景运行帧数与只采用可编程管线时的场景运行帧数对比图如图 4-28 和图 4-29 所示。

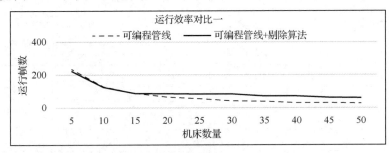

图 4-28　采用剔除算法的场景运行帧数

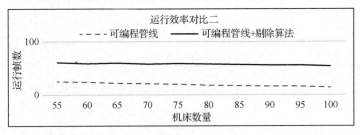

图 4-29　采用可编程管线时的场景运行帧数对比

基于包围盒与八叉树结构的剔除算法对场景运行帧数的提升效率如图 4-30 所示。

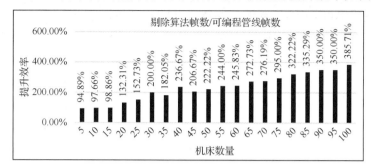

图 4-30　剔除算法对场景运行帧数的提升效率

根据图 4-28、图 4-29 和图 4-30 可知：

（1）机床数量小于 15 台时，只采用可编程管线的场景运行帧数优于采用剔除算法的场景运行帧数；当场景机床数量大于 15 台时，采用剔除算法的场景运行帧数优于只采用可编程管线的场景运行帧数。

（2）采用包围盒与八叉树结构的剔除算法对场景运行效率的提升随场景机床数量的增多而愈加明显。

（3）当场景中包含 100 台机床时，采用剔除算法的场景运行帧数仍可保持 54 帧的绘制频率，对比同样条件下只采用可编程管线时的场景运行帧数，剔除算法对场景运行帧数的提升可达 385.71%。

由图 4-30 可知，剔除算法对场景运行帧数的提升效率并非线性关系。分析其原因为：在不同视角下，场景内可见机床数量差异较大，所以场景的运行帧数会出现一定的波动，不同视角下可见机床数量如图 4-31 所示。在图 4-31（b）视角中的机床数量远大于图 4-31（a）视角中的。

（a）观察视角一　　　　　　　　　　　　　　（b）观察视角二

图 4-31　不同视角下可见机床数量

在表 4-1 中，同样采用可编程管线的条件下，对比机床无纹理与添加纹理时的运行帧数可知，在添加纹理时虚拟场景的运行帧数远小于未添加纹理时。仿真系统中的纹理主要存储机床的颜色数据，系统中三维设备所采用的纹理均是分辨率为 1024×1024 的图片。由 GPU 图像处理特点可知，纹理数据以三维坐标的形式存储，屏幕图像的生成过程中需完成对颜色数据的计算，大量纹理数据使仿真系统的运行帧数出现了大幅度下降。

本节测试了视野内可见机床数量与场景运行帧数的关系图，结合本章系统性能测试结果可知：在采用 GPU 可编程管线与物体剔除算法的虚拟仿真系统中，场景运行的速度有明显提升；场景内可见物体数量的变化影响场景运行的稳定性与运行帧数，在采用包围盒与八叉树结构的场景分割过程中，应尽可能保证在任何视角下场景内可见物体顶点数目的一致性。过多的纹理数据会降低场景运行速度，在三维模型的绘制过程中，应在保证模型真实度的前提下尽可能合并纹理数据。

第 5 章

电子设备数字孪生系统的构建

本章描述电子设备制造孪生体和产品孪生体的构建原理和方法。首先介绍数字孪生体数字世界，包括制造孪生样机和产品孪生样机的构建；然后介绍数字孪生体物理世界，包括面向数字孪生的智能制造车间和智能电子设备的构建；最后介绍电子设备数字孪生的虚实融合方法。

5.1 电子设备数字孪生体数字世界的构建

数字孪生体的数字世界可分为两大类。一是制造孪生样机。制造孪生样机反映电子设备制造全过程，包括虚拟的操作人员、设备、产线、工件和制造环境。二是产品孪生样机。产品孪生样机反映电子设备运行和运维的过程，包括功能样机、性能样机、培训样机和运维样机等。

5.1.1 制造孪生样机的构建

制造孪生样机的构建包括电子设备制造全过程要素（人、机、料、法、环）的建模。下面介绍数控机床、工业机器人、产线等典型要素的构建。

1. 数控机床数字孪生模型

数控机床是电子设备制造过程中必不可少的要素，其数字孪生模型的构建包括几何建模、运动建模和运动控制三个部分。

1）几何建模

数控机床三维建模流程图如图 5-1 所示。下面以蓝苞蒂（RAMBAUDI）1210 型机床为例说明机床的建模过程。

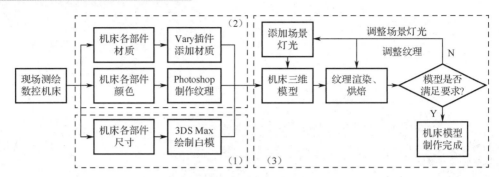

图 5-1　数控机床三维建模流程图

第一步：现场测绘机床并构建模型。测绘数据包括机床各部件尺寸、位置、颜色、材质等，构建各部件几何模型，组装后的机床模型如图 5-2 所示。

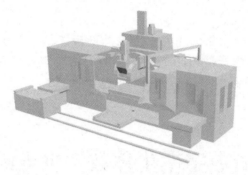

图 5-2　蓝苞蒂 1210 型机床模型（白模）

第二步：制作机床部件纹理图片。为各部件白模添加材质和颜色，渲染后导出贴图图片，制作成纹理图片 17 张，部分纹理图片如图 5-3 所示。

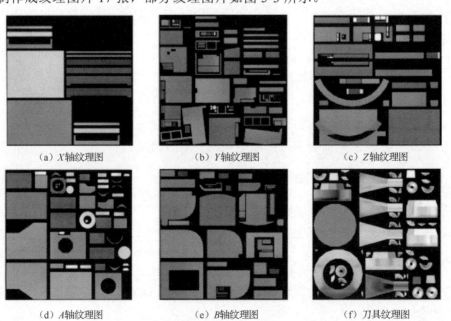

（a）X 轴纹理图　　　　　　（b）Y 轴纹理图　　　　　　（c）Z 轴纹理图

（d）A 轴纹理图　　　　　　（e）B 轴纹理图　　　　　　（f）刀具纹理图

图 5-3　蓝苞蒂 1210 型机床部分纹理图

第三步：将纹理添加到机床各个部件。通过调整灯光、烘焙、渲染之后，得到机床各部件效果图。图 5-4 所示为蓝苞蒂 1210 型机床运动部件渲染效果图。进行部件装配后的最终效果如图 5-5 所示。

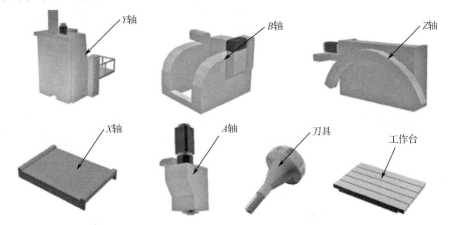

图 5-4　蓝苞蒂 1210 型机床运动部件渲染效果图

2）运动建模

接下来构建工作台、主轴、刀具等主要部件的运动模型，以便从物理机床接收实时采集到的运动部件位姿信息后，驱动虚拟机床的孪生运动。仍以蓝宝蒂 1210 型机床为例进行介绍。该型机床为五轴立式加工中心，运动形式为绕 $A\text{-}B$ 轴摆头运动。

图 5-5　蓝苞蒂 1210 型机床最终效果图

如图 5-6 所示，机床 Y 轴、Z 轴、B 轴、A 轴组成第一条运动链，X 轴单独构成第二条运动链。将机床模型导入可编程管线，并使其局部坐标系 $X_1Y_1Z_1$ 与可编程管线世界坐标系 XYZ 方向保持一致。各部件运动中心在可编程管线世界坐标系中的坐标为 $P_x(x_x,y_x,z_x)$、$P_y(x_y,y_y,z_y)$、$P_z(x_z,y_z,z_z)$、$P_a(x_a,y_a,z_a)$、$P_b(x_b,y_b,z_b)$。

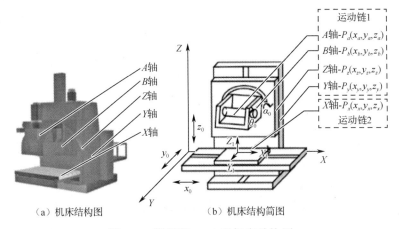

（a）机床结构图　　　　（b）机床结构简图

图 5-6　蓝苞蒂 1210 型机床结构图

在 X 轴运动链中，X 轴相对机床局部坐标系的距离为 x_0。X 轴只有相对机床坐标系的平移，故 X 轴的位移矩阵 $\boldsymbol{M}_x$ 为：

$$\boldsymbol{M}_x = \begin{bmatrix} 1 & 0 & 0 & x_0 \\ 0 & 1 & 0 & 0 \\ 0 & 0 & 1 & 0 \\ 0 & 0 & 0 & 1 \end{bmatrix} \qquad (5\text{-}1)$$

在 Y 轴、Z 轴、B 轴、A 轴构成的运动链中，运动由平移、旋转两种基本变换组合所得。Y 轴、Z 轴等仅做平移运动的部件组合时，矩阵的先后顺序不会影响其变换结果，对于 B 轴、A 轴等做平移与旋转组合运动的部件，应先考虑旋转运动，再组合平移运动。现对各运动部件的运动矩阵进行求解。

Y 轴相对机床局部坐标系的初始坐标为 y_0，Y 轴只有相对机床坐标系的平移，同理，机床 Y 轴的运动矩阵 $\boldsymbol{M}_y$ 为：

$$\boldsymbol{M}_y = \begin{bmatrix} 1 & 0 & 0 & 0 \\ 0 & 1 & 0 & y_0 \\ 0 & 0 & 1 & 0 \\ 0 & 0 & 0 & 1 \end{bmatrix} \qquad (5\text{-}2)$$

Z 轴运动由 Y 轴移动与 Z 轴相对机床坐标系的平移组合而成，运动的组合由矩阵的相乘表示。Z 轴相对机床局部坐标系的初始坐标为 z_0，其平移矩阵为 $\boldsymbol{M}_{tz}$，机床 Z 轴的运动矩阵 $\boldsymbol{M}_z$ 为：

$$\boldsymbol{M}_z = \boldsymbol{M}_y \boldsymbol{M}_{tz} = \begin{bmatrix} 1 & 0 & 0 & 0 \\ 0 & 1 & 0 & y_0 \\ 0 & 0 & 1 & 0 \\ 0 & 0 & 0 & 1 \end{bmatrix} \begin{bmatrix} 1 & 0 & 0 & 0 \\ 0 & 1 & 0 & 0 \\ 0 & 0 & 1 & z_0 \\ 0 & 0 & 0 & 1 \end{bmatrix} \qquad (5\text{-}3)$$

机床 B 轴由 Y 轴的移动、Z 轴的移动与 B 轴绕 Y 轴的旋转组合而成，根据旋转与平移的组合，B 轴的运动方程按以下步骤求解：

（1）将 B 轴平移到可编程管线世界坐标系的原点，使其局部坐标系与世界坐标系重合；

（2）对模型进行旋转变换；

（3）将旋转完的 B 轴平移到旋转之前的位置，叠加上 Y 轴与 Z 轴的平移。B 轴相对机床坐标系 Y_1 轴的旋转角度为 θ_0，旋转矩阵为 $\boldsymbol{M}_{ry}$，在世界坐标系中的初始位置为 $\boldsymbol{M}_{pb}$，机床 B 轴的运动矩阵 $\boldsymbol{M}_b$ 为：

$$\boldsymbol{M}_b = \boldsymbol{M}_z \boldsymbol{M}_{pb} \boldsymbol{M}_{ry} \boldsymbol{M}_{-pb} \qquad (5\text{-}4)$$

式（5-4）中：

$$\boldsymbol{M}_{ry} = \begin{bmatrix} \cos\theta_0 & 0 & \sin\theta_0 & 0 \\ 0 & 1 & 0 & 0 \\ -\sin\theta_0 & 0 & \cos\theta_0 & 0 \\ 0 & 0 & 0 & 1 \end{bmatrix}, \ \boldsymbol{M}_{pb} = \begin{bmatrix} 1 & 0 & 0 & x_{pb} \\ 0 & 1 & 0 & y_{pb} \\ 0 & 0 & 1 & z_{pb} \\ 0 & 0 & 0 & 1 \end{bmatrix}, \ \boldsymbol{M}_{-pb} = \begin{bmatrix} 1 & 0 & 0 & -x_{pb} \\ 0 & 1 & 0 & -y_{pb} \\ 0 & 0 & 1 & -z_{pb} \\ 0 & 0 & 0 & 1 \end{bmatrix}$$

机床 A 轴的运动由 Y 轴的移动、Z 轴的移动、B 轴的转动与 A 轴自身的转动叠加而成。A 轴的运动方程按以下步骤求解：

（1）将 A 轴平移到可编程管线世界坐标系的原点，使得 A 轴的局部坐标系与世界坐标系重合；

（2）对 A 轴进行旋转变换，角度为 A 轴相对机床 X_1 轴的旋转角度；

（3）将旋转完的 A 轴平移到旋转前的位置，再叠加上 B 轴、Y 轴、X 轴的运动。A 轴相对机床坐标系的旋转角度为 α_0，旋转矩阵为 $\boldsymbol{M}_{rx}$，在世界坐标系中的初始位置为 $\boldsymbol{M}_{pa}$，则机床 A 轴的运动矩阵为：

$$\boldsymbol{M}_a = \boldsymbol{M}_b \boldsymbol{M}_{pa} \boldsymbol{M}_{ry} \boldsymbol{M}_{-pa} \tag{5-5}$$

式（5-5）中：

$$\boldsymbol{M}_{ry} = \begin{bmatrix} 1 & 0 & 0 & 0 \\ 0 & \cos\alpha_0 & -\sin\alpha_0 & 0 \\ 0 & \sin\alpha_0 & \cos\alpha_0 & 0 \\ 0 & 0 & 0 & 1 \end{bmatrix}, \quad \boldsymbol{M}_{pa} = \begin{bmatrix} 1 & 0 & 0 & x_{pa} \\ 0 & 1 & 0 & y_{pa} \\ 0 & 0 & 1 & z_{pa} \\ 0 & 0 & 0 & 1 \end{bmatrix}, \quad \boldsymbol{M}_{-pa} = \begin{bmatrix} 1 & 0 & 0 & -x_{pa} \\ 0 & 1 & 0 & -y_{pa} \\ 0 & 0 & 1 & -z_{pa} \\ 0 & 0 & 0 & 1 \end{bmatrix}$$

3）运动控制

运动控制是指接收采集到的物理机床的运动参数后，驱动虚拟机床和物理机床同步运动。该过程主要包括初始化、运动激励设置、运动因子设置和机床位姿更新四个部分。

（1）初始化

为虚拟机床各运动部件设计初始位置和姿态，图 5-7（a）为 STC1250 机床垂直支撑体位姿调整前的状态，刀具和支撑体分离。图 5-7（b）为调整后的状态，支撑体装配正确。图 5-8（a）为机床的垂直支撑体初始位置，图 5-8（b）为其某个时刻的位置。

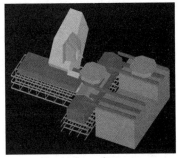
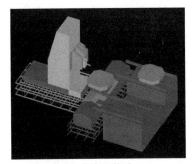

（a）位姿调整前　　　　　　　　　　　　（b）位姿调整后

图 5-7　STC1250 机床刀具和支撑体位置初始化

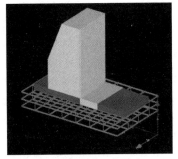

（a）初始位置　　　　　　　　　　　　（b）移动至某一位置

图 5-8　STC1250 机床的垂直支撑体沿滑轨移动

（2）运动激励设置

数控机床的运动部件有 6 个自由度，即绕 X、Y、Z 轴旋转 mRxt、mRyt、mRzt，沿着 X、Y、Z 轴平移 mTxt、mTyt、mTzt。合理设置这 6 个激励值即可实现对机床运动控制的仿真。

（3）运动因子设置

可通过设置 6 个自由度方向的 bool 变量来确定每个轴在虚拟系统中拥有的运动分量。

bool	dTx;	//X 方向上的平移
bool	dTy;	//Y 方向上的平移
bool	dTz;	//Z 方向上的平移
bool	dRx;	//X 轴转动
bool	dRy;	//Y 轴转动
bool	dRz;	//Z 轴转动

加载时，需设置机床运动部件自由度的 bool 变量值。数控机床单个运动部件存在单轴移动、单轴转动、一轴转动一轴移动、两轴移动加一轴转动等 9 种类型，每种类型又分为几种运动形式，最终的运动形式有 50 多种，部分运动形式如表 5-1 所示。

表 5-1　机床部件的部分运动形式

运动类型	具体的运动形式	运动类型	具体的运动形式
单轴移动	X 轴移动	一轴转动两轴移动	X、Y 轴移动绕 X 轴转动
	Y 轴移动		X、Y 轴移动绕 Y 轴转动
	Z 轴移动		X、Y 轴移动绕 Z 轴转动
单轴转动	绕 X 轴转动		Z、Y 轴移动绕 X 轴转动
	绕 Y 轴转动		Z、Y 轴移动绕 Y 轴转动
	绕 Z 轴转动		Z、Y 轴移动绕 Z 轴转动
两轴移动	X、Y 轴移动		X、Z 轴移动绕 X 轴转动
	Y、Z 轴移动		X、Z 轴移动绕 Y 轴转动
	X、Z 轴移动		X、Z 轴移动绕 Z 轴转动
两轴转动	绕 X、Y 轴转动	一轴移动两轴转动	X、Y 轴移动绕 X 轴转动
	绕 Y、Z 轴移动		Z、Y 轴移动绕 X 轴转动
	绕 X、Z 轴移动		X、Z 轴移动绕 X 轴转动
一轴转动一轴移动	X 轴移动绕 X 轴转动		X、Y 轴移动绕 Z 轴转动
	Y 轴移动绕 X 轴转动		Z、Y 轴移动绕 Z 轴转动
	Z 轴移动绕 X 轴转动		X、Y 轴移动绕 Y 轴转动
	X 轴移动绕 Z 轴转动		Z、Y 轴移动绕 Y 轴转动
	Y 轴移动绕 Z 轴转动		X、Z 轴移动绕 Y 轴转动
	Z 轴移动绕 Z 轴转动		X、Z 轴移动绕 Z 轴转动
	X 轴移动绕 Y 轴转动	三轴并行移动	X、Y、Z 轴移动
	Y 轴移动绕 Y 轴转动	四轴同一支链	X、Z 轴移动 X、Z 轴转动
	Z 轴移动绕 Y 轴转动		X、Y 轴移动 Y、Z 轴转动
			X、Z 轴移动 Y、Z 轴转动
			X、Y 轴移动 X、Z 轴转动

（4）机床位姿更新

通过对数控机床各部件模型在虚拟环境中位置的初始化、设置各运动轴的运动激励响应，以及设置各轴的运动类型属性，即可实现虚拟机床位姿的更新。

2．工业机器人数字孪生模型

工业机器人是智能制造产线中不可或缺的设备，与数控机床类似，工业机器人数字孪生模型的构建也包括几何建模、运动建模和运动控制仿真三部分。下面以艾夫特ER25-1800 工业机器人为例，说明其构建的基本过程。

1）几何建模

工业机器人几何模型的构建步骤和图 5-1 所示数控机床的建模流程基本相同，所构建的 ER25-1800 工业机器人的几何模型如图 5-9 所示，包括底座、大臂、小臂、小臂杆、摆动杆和末端夹具。建模时对模型进行了简化，包括去除不可见零部件、合并不需要显示和运动的部件等。

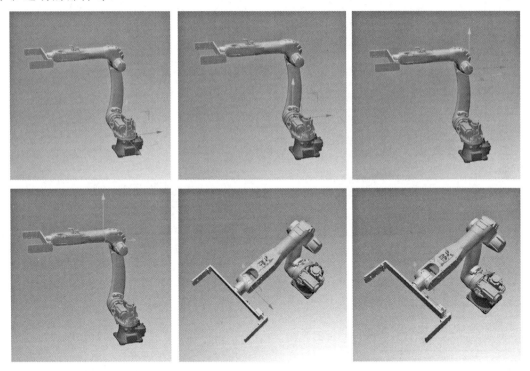

图 5-9 ER25-1800 工业机器人的几何模型

2）运动建模

工业机器人的运动主要是各关节转动，需合理设置各运动关节的约束关系。如图 5-10所示，设置 6 个旋转轴，调整工业机器人各部件（底座、大臂、小臂、小臂杆、摆动杆、末端夹具）的局部坐标系，确定旋转轴，驱动各部分绕指定轴旋转，即可实现对物理世界中工业机器人运动的仿真。

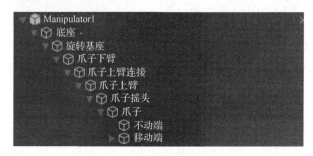

图 5-10　工业机器人的层级图

3）运动控制仿真

工业机器人运动涉及物料搬运、材料拾取、关节旋转、物料放置等关键步骤，包含传送带传送物料 $2n$ 段、工业机器人拾取物料 n 段、工业机器人放置物料 n 段，其中，n 对应传送带坐标位置。该部分实现的重点是工业机器人、AGV 小车、传送带之间的数据同步和交互。

工业机器人运动控制的代码框图如图 5-11 所示，其基本过程为：初始化工业机器人数据，包括运动部件触碰到特殊点的状态信息；搬运设备的碰撞控制器在对应点位被工业机器人触碰后会修改对应工业机器人的状态信息，工业机器人根据触碰信息显示和隐藏工业机器人上夹持的物料；被搬运设备的控制器会根据该信息判断是否需要补充缓冲区的物料或将物料载具送入下一个设备。

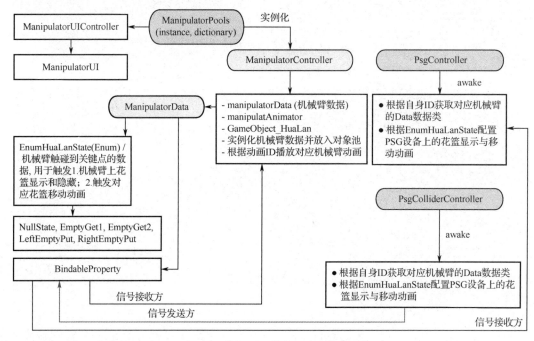

图 5-11　工业机器人运动控制的代码框图

3．产线数字孪生模型

自动化产线是现代工厂的核心要素，下面以某光伏制造自动化产线为例，介绍产线数字孪生模型的构建过程。

1）基本架构

如图 5-12 所示，光伏产线的数字孪生模型由 5 个层级组成：底层为软件运行依赖的环境和动态库；第二层为数据层，包括实时采集到的车间运行数据，如 AGV 行动点、路径关键点、机器人夹持动画编号、开关机信号、其他设备的关键数据；第三层为命令和工具层，用于发送 HTTP 请求或数据库读取命令获取数据，并将数据存储到数据层共享；第四层为控制层，用于根据采集到的数据进行相应的仿真对象运动控制；顶层为表现层，用于进行实际的模型驱动和 UI 显示。

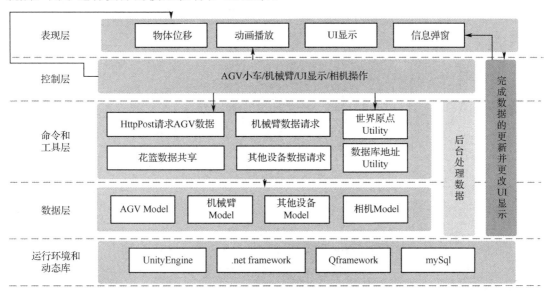

图 5-12　光伏产线数字孪生模型的基本架构

2）实现效果

光伏产线数字孪生建模的实现效果如图 5-13 所示：图（a）是产线的全景鸟瞰图；图（b）为利用工业机器人进行物料搬运；图（c）是 PSG 下料设备的操控仿真；图（d）为物料搬运小车的运动模拟。

在上述数字孪生模型中，所有运动部件（包括工业机器人、AGV 小车、传送带）的运动都通过数据驱动，可与物理产线保持实时同步。

（a）产线的全景鸟瞰图　　　　　　　　　（b）用于物料搬运的工业机器人

图 5-13　光伏产线数字孪生建模的实现效果

（c）下料设备的操控仿真　　　　　　　　（d）物料搬运小车的运动模拟

图 5-13　光伏产线数字孪生建模的实现效果（续）

5.1.2　产品孪生样机的构建

本节以某空间站运维样机为例，介绍其产品孪生样机的构建方法和过程。

1．基本架构

空间站数字孪生体的基本架构如图 5-14 所示。

（1）虚拟空间站。提供逼真的空间站虚拟环境，显示各子系统布局。

（2）运行数据采集。通过传感器，实时采集各系统的工作数据和状态。

（3）设备工作状态展示。实时读取各系统工作数据，显示空间站当前运行状态。

（4）地面模拟训练。在地面实验平台进行维修模拟，提供维修作业培训。

（5）在轨作业指导。在轨期间进行实际维修时，提供直观的维修作业指导。

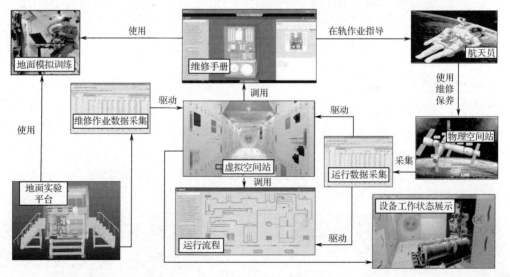

图 5-14　空间站数字孪生体的基本架构

空间站数字孪生体的层次模型如图 5-15 所示，分为三层：（1）应用层，包括漫游演示、操作仿真和状态监控模块；（2）业务层，包括所有业务逻辑的实现过程及其对数据、驱动的响应过程；（3）数据层，包括场景资源、设备信息资源、驱动资源，以及以这些资源数据为基础构建的虚拟场景。

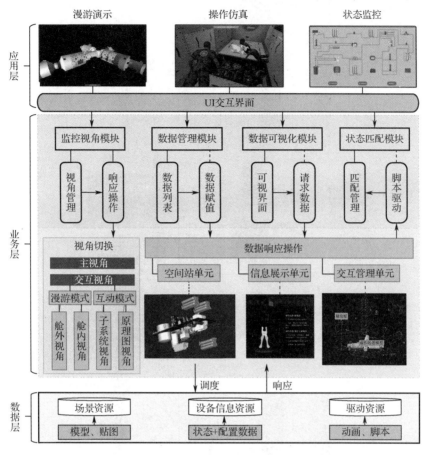

图 5-15　空间站数字孪生体的层次模型

2．几何建模

几何建模的要点是通过模型处理保证模型显示的流畅性和真实性，其处理流程如图 5-16 所示，其中最重要的是模型轻量化和贴图。

1）模型轻量化

空间站及配套设备的设计模型在 CAD 软件下构建，模型精确，数据量大，应用到虚拟环境时须对模型进行轻量化，具体包括两个方面：一是细小特征简化；二是对模型面片进行合并。进行模型轻量化时需考虑运动部件结构约束及层级关系，满足运动约束定义的需要。

建模时共对 26 套 CAD 模型进行了简化，原模型的总大小 9387MB，轻量化后的总大小为 1844MB，降低了 80.3%；原模型的面片数量约为 1226 万片，轻量化后的面片数量约为 205 万片，减少了约 83%。

2）模型渲染及贴图处理

为增强样机的真实感，需提高模型的显示效果，为此需对模型进行渲染和贴图烘焙处理，包括材质处理、光源处理、渲染处理、纹理处理、烘焙处理、贴图修复等。

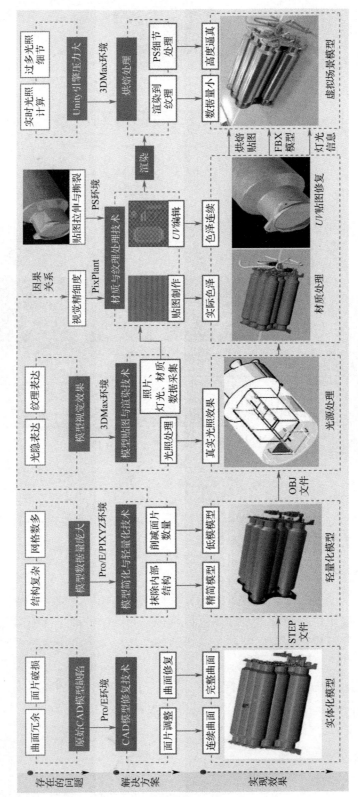

图 5-16　虚拟仿真环境构建模型处理流程

（1）材质处理

导入轻量化后的模型，并对模型材质进行处理。以钢为例，将其明暗参数设置为各向异性，将其漫反射纹理设置为位图，将其最佳漫反射级别设置为 50，并设置反射高光中的高光级别和光泽度。为使材质表面更具有金属质感，将凹凸属性设置为大小为 1 的噪波，将凹凸强度设置为 60，材质处理后的效果如图 5-17（a）所示，所得到的材质球如图 5-17（b）所示。

（a）材质处理后的效果　　　　　　　　　（b）材质球

图 5-17　模型高光及光泽度调整示例

（2）光源处理

光源是影响样机视觉效果的重要因素。通过调整光源，可使模型呈现反射、透射、吸收、衍射、折射和干涉等现象。根据照射形式的不同，可将光源分为平行光、点光源、环境光和聚光灯四类；在具体场景中，又可将光源按照用途分为关键光、补充光和背景光三类。

光源包括两大类：一是空间站外部的近地宇宙空间光源；二是空间站内部的室内环境光源。空间站外部光源主要来自太阳光和近地空间星体散射光，宇宙空间则是黑暗背景。出于对实际观察效果的考虑，主光源可简化为太阳光及月球反射光。采用平行光模拟太阳光，作为关键光 ［见图 5-18（a）］；采用点光源模拟月球散射光效果，作为补充光 ［见图 5-18（b）］；以黑色背景光模拟宇宙空间 ［见图 5-18（c）］；空间站外部场景的光照效果如图 5-18（d）所示。空间站内部光照源于照明设备，以一系列平行光源模拟照明设备，作为内部关键光；照明设备光可在舱壁上产生反射，增强光照效果，因此采用点光源模拟舱壁的反射光进行光照补充；舱内采用白色环境光。另外，还须对装备模型进行光照调整，创建目标平行光并启用光源的光线跟踪阴影，对聚光区和衰减区进行调整，对于光照死角，可以创建两个泛光灯进行补光。舱内光照设置如图 5-19 所示。

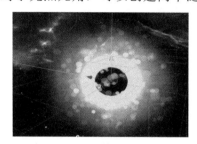

（a）平行光模拟太阳光　　　　　　　　（b）点光源模拟月球散射光

图 5-18　宇宙环境光照设置

（c）黑色背景光模拟宇宙空间

（d）空间站外部场景的光照效果

图 5-18　宇宙环境光照设置（续）

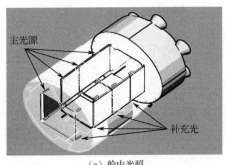

（a）舱内光照

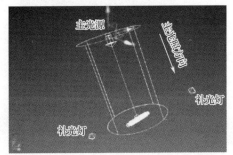

（b）装备光照

图 5-19　舱内光照设置

（3）渲染处理及 UV 纹理坐标调整

进行模型材质及光源设置后，需对其进行渲染，包括材质效果、纹理效果、光照效果、阴影效果等，渲染后的模型如图 5-20（a）所示。从图中可以看出，会存在漫反射贴图与模型三角面片间的错乱，导致颜色不连续，从而影响模型的显示效果。为消除这种影响，需对纹理坐标进行 UV 调整，如图 5-20（b）所示。

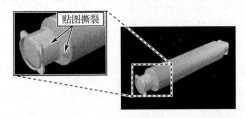

（a）渲染后颜色不连续示例

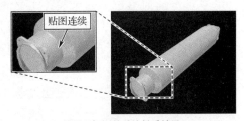

（b）UV 纹理坐标调整后的材质效果

图 5-20　渲染后颜色不连续及 UV 纹理坐标调整

纹理坐标是指纹理贴图图像的坐标。为获得更逼真的视觉效果，一张或多张纹理映射将会应用到物体表面，如图 5-21 所示，物体上的每一点纹理像素都能在纹理映射中找到，只要把图片的每个纹理坐标和模型的顶点位置建立一一对应关系，就可以实现图像到模型的映射。

产生图 5-20（a）所示颜色不连续的原因，是自动渲染时算法计算的 UV 坐标设置得不合理，为此需要手工调整 UV 坐标，UV 编辑前、后的效果如图 5-22（a）和（b）所示。经过 UV 纹理坐标调整后的三维模型效果如图 5-22（b）所示，可明显看到原先错乱的贴图已和模型完全契合。

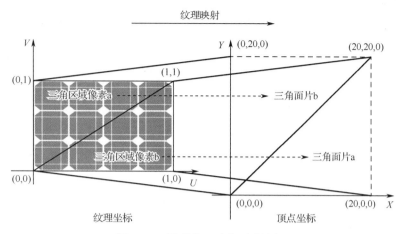

图 5-21　模型纹理坐标映射原理

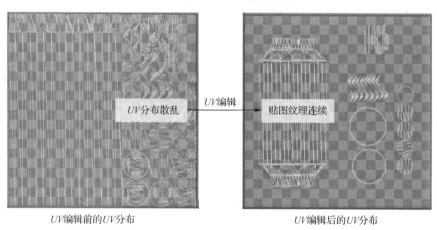

图 5-22　贴图修复

图 5-23 所示为一个设备的模型处理效果图，可以看出，与原始模型相比，处理后的模型不仅数据量显著降低，而且显示的真实感和质感显著提升。

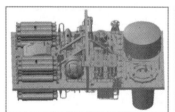

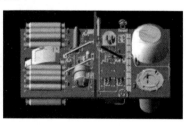

（a）原始模型（Pro/E）　　　（b）轻量化模型　　　（c）渲染及贴图处理后的模型

图 5-23　模型处理效果图

3．运动建模

1）基本原理

数据驱动的场景展示是产品孪生样机建模需考虑的重要问题，这里的场景展示是指

167

空间站自身的姿态及空间站内各设备的工作状态和动作。下面介绍这部分内容。

数据驱动的空间站场景展示的基本思路如图5-24所示：上位机读取传感器传送的实时检测数据，并进行解析；解析后的数据驱动虚拟环境中的各子系统模型（见图5-25），使其按照实际操作运动，实现数字孪生效果。

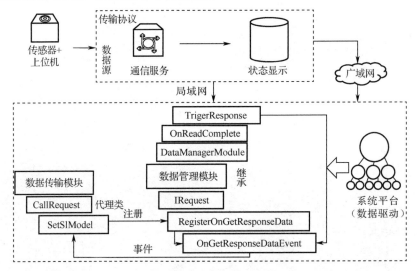

图 5-24　数据驱动的空间站场景展示的基本思路

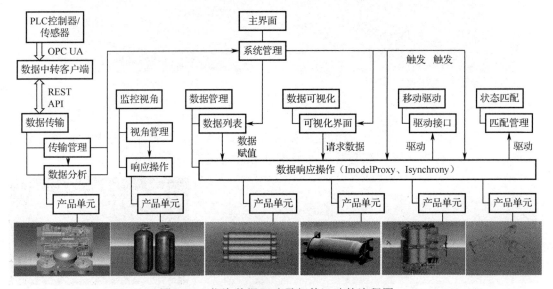

图 5-25　位姿数据驱动零部件运动的流程图

2）运动驱动

该模块负责数字孪生模型的运动驱动，包括坐标变换、旋转位移、电动机伺服驱动等。基于数据的运动驱动分为两种类型：图5-25所示是位姿数据驱动零部件运动的流程图，通过各个设备注册方法，实时更新设备的位移和旋转数据；图5-26所示是状态数据驱动零部件运动的原理图（运动状态I/O信号变化时触发预定义动作），包括夹取、吸放、启动/停止等状态布尔值，采用状态位触发及预定义动作，保证了一致性。

运动驱动的基本原理如图 5-26 所示：由数据解析脚本、变量匹配脚本、实时驱动脚本构成，对系统中的对象进行驱动。首先解析感知层数据，给运动变量赋值；其次寻找运动部件并匹配对应的运动变量；最后根据运动变量值改变模型位姿，或者调用物理动作驱动模块完成对模型的运动驱动，从而实现虚拟模型与采集数据的同步。

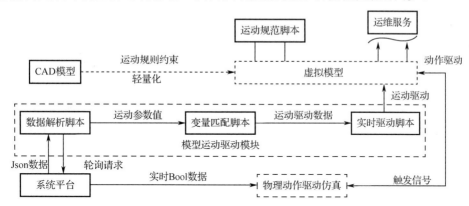

图 5-26　状态数据驱动零部件运动的原理图

3）运动仿真

运动仿真负责数字孪生虚拟制造现场所有运动行为动作的仿真和数据驱动，包括碰撞动作、拾取动作、放置动作、推拉动作等，其动作仿真原理图如图 5-27 所示：首先，根据动作涉及的物体特征，创建碰撞触发器和光线投射触发器两种触发信号，为动作提供数据源；然后为所有触发信号在脚本中声明变量，通过 Dictionary 泛型类建立触发器相关模型及触发信号之间的联系，并封装成独立触发信号管理单元供物理动作仿真中的驱动脚本管理单元引用；最后，驱动脚本管理单元获取触发信号并参照触发信号管理单元，通过改变相关物体父子级关系和空间位置模拟物理动作。

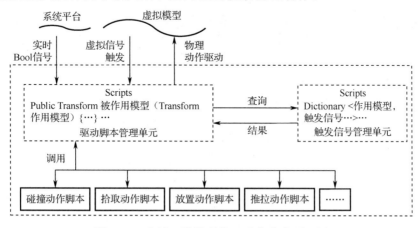

图 5-27　虚拟三维模型物理动作仿真原理图

图 5-28 所示为空间站某设备的运动仿真实例。

（a）仪器板闭合状态

（b）仪器板打开动作

（c）仪器板打开动作完成

（d）子系统翻转动作

图 5-28　空间站某设备的运动仿真实例

4. 实现效果

采用本节所述方法构建的空间站运维样机的实现效果如图 5-29 所示：图（a）是运维样机的主体结构，按照三舱两船的结构进行组织，实现了对近地宇宙背景、空间站、舱内空间、舱内设备的建模和仿真；图（b）为从舱外视角观察每个舱段及其设备布局情况的展示效果；图（c）为从舱内视角观察每个舱段及其设备布局情况的展示效果；图（d）为运维样机效果；图（e）为发生故障时运维样机报警效果。

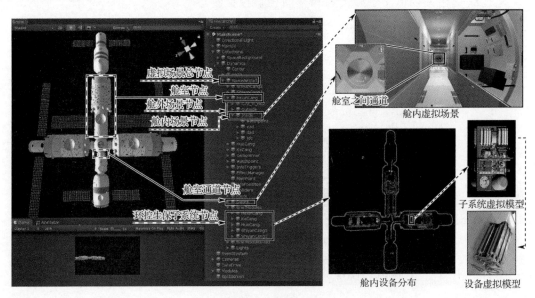

（a）空间站运维样机的主体结构

图 5-29　空间站运维样机的实现效果

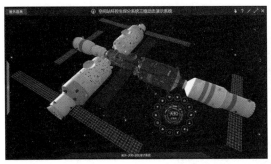

（b）舱外视角观察每个舱段及其设备布局

（c）舱内视角观察每个舱段及其设备布局

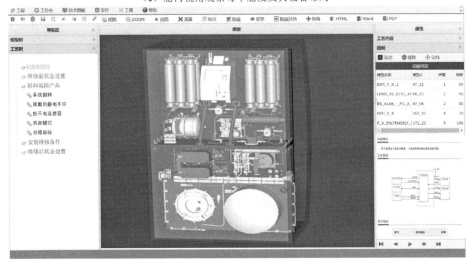

（d）运维样机效果

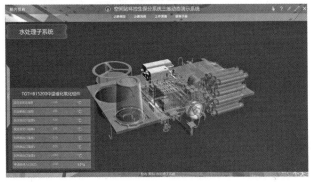

（e）发生故障时运维样机报警效果

图 5-29　空间站运维样机的实现效果（续）

5.2　电子设备数字孪生体物理世界的构建

5.1 节介绍了数字孪生体数字世界制造孪生样机和产品孪生样机的构建方法,本节将介绍与其相对应的物理世界中的智能制造车间和智能电子设备的构建方法。

5.2.1　面向数字孪生的智能制造车间构建

要实现制造孪生,必须对传统制造系统进行改造,使其具备以下条件:

(1)数据采集与状态感知。对传统"哑"制造设备进行改造,加装各类传感器和数据采集接口,使制造设备智能化,可以实时获取制造设备运行的状态和数据。

(2)信息互联互通。制造设备不再是信息孤岛,制造车间通过工业总线、网关、交换机、无线网络、边缘计算机等形成完整的工业互联网,从而实现设备与设备、设备与边缘计算机、边缘计算机与数据中心之间的互联互通。采集到的数据可以通过工业互联网实时上传到数据中心,调度和控制指令可以通过工业互联网实时下发到制造设备。

(3)远程控制。建立可以远程控制制造设备的工业控制系统,通过控制中心下发设备的控制指令和 NC 程序。

(4)自动执行。制造设备获得控制指令后,能够自动执行控制指令,无须人工干预。

制造孪生系统的物理世界组成如图 5-30 所示。

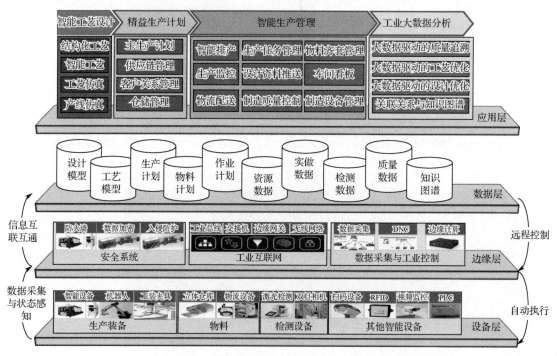

图 5-30　制造孪生系统的物理世界组成

下面对制造孪生物理世界中的数据采集与状态感知、信息互联互通和远程控制等分别进行介绍。

1. 数据采集与状态感知

1）制造设备的数据采集与状态感知

对制造设备的数据采集与状态感知是制造孪生体的主要特征之一，其核心工作是在传统制造设备上加装获取数据和状态的传感器。图 5-31（a）所示是数控机床数据采集示意图，图 5-31（b）所示为倒装焊机数据采集示意图。通过加装各类传感器，对设备关键零部件的压力、温度、振动、功率、运行时间等进行数据采集与状态监控。

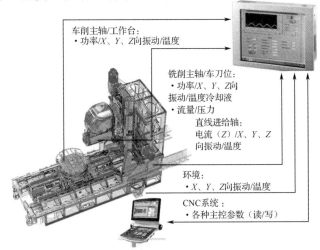

（a）数控机床数据采集示意图

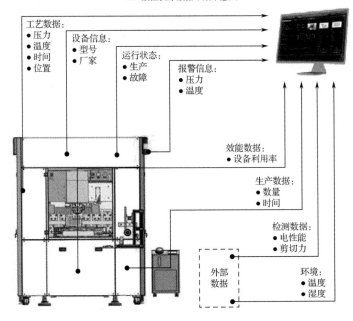

（b）倒装焊机数据采集示意图

图 5-31　制造设备的数据采集与状态感知

新一代智能制造设备出厂时自带数据采集装置，对于老设备，需进行数字化改造，表 5-2 所示为对某数控机床进行数字化改造时加装传感器的类型及安装方式。其中，加速度传感器用于采集数控机床在 X、Y、Z 方向上的振动数据；电流传感器用于采集数控机床实际输出功率；温度传感器用于采集各关键零部件的工作温度。

表 5-2　某数控机床数字化改造时加装传感器的类型及安装方式

序　号	传感器类型	安 装 方 式
1	加速度传感器	加速度传感器在主轴平台上安装
2	电流传感器	在伺服驱动器与电动机中间位置安装
3	温度传感器	在进给轴丝杆螺母位置安装　在进给轴电动机光栅尺位置安装　在进给轴电动机端轴承座位置安装　在主轴位置安装

2）工装夹具及工件物料的数据采集

除制造设备之外，还需在工装夹具、托盘、AGV 小车、工件上加装用于动态跟踪的电子标签，以实现对车间内所有物料的实时动态跟踪。

以某冲压车间物料跟踪为例，其车间工序包括物料冲压成型和零件焊接，图 5-32 给出了通过 RFID 对物料和工件进行跟踪的过程：图（a）是在原材料托盘上加装 RFID 读写设备，入库时将原材料与托盘绑定；图（b）是在原材料出入库时加装 RFID 读写设备，实时读取物料的出入库情况；图（c）是在冲压上料门位置安装 RFID 读写设备，实时记录上料情况；图（d）是在物料冲压后的零件出口，实现零件与台车绑定，并在台车上安装 RFID 电子标签；图（e）为在入库门处安装 RFID 读写设备，读取台车信息，进而获得冲压后零件的出入库信息；图（f）为在焊装物流门上安装 RFID 读写设备，读取台车编码，获得待焊接零件信息。通过这样一套装置，最终实现从物料到冲压零件，再到焊接后零件信息的实时跟踪和关联。

2. 信息互联互通

图 5-33 所示为智能车间的工业互联网布局图，除制造设备外，车间内还应该包括网络设备（网线、网关、路由器）、网桥、边缘计算机、主题数据库和边缘数据库等。

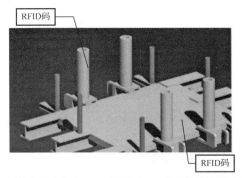

（a）在原材料托盘上加装 RFID 读写设备，入库时将原材料与托盘绑定

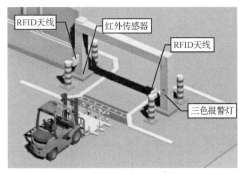

（b）在库门口加装 RFID 读写设备，记录材料入库

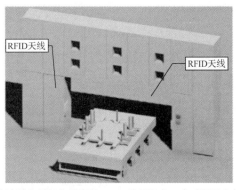

（c）在冲压上料门位置安装 RFID 读写设备，实时记录上料情况

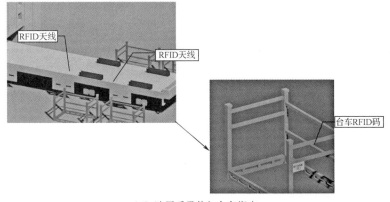

（d）冲压后零件与台车绑定

图 5-32　通过 RFID 对物料和工件进行跟踪的过程

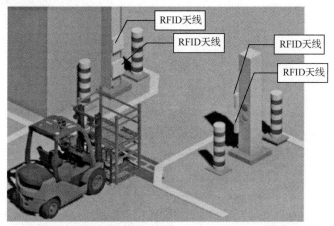

（e）在入库门处安装 RFID 读写设备，读取台车信息，获得冲压后零件的出入库信息

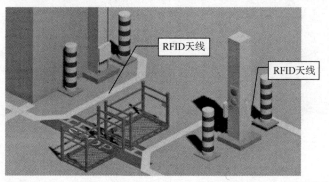

（f）在焊装物流门上安装 RFID 读写设备，读取台车编码，获得待焊接零件信息

图 5-32　通过 RFID 对物料和工件进行跟踪的过程（续）

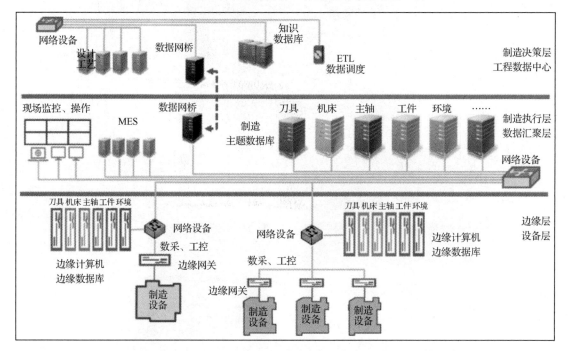

图 5-33　智能车间的工业互联网布局图

1）互联网络

所有制造设备都应该通过网络连接成一个整体，车间、产线、单元组成子网，再通过路由器和网关连成一个整体。车间的网络系统还应通过网桥与企业数据中心连接，向上提交制造数据，向下传递制造过程中需要的设计和工艺数据包。

智能车间互联网络的层次结构如图 5-34 所示，依次是物理层、链路层、网络层、传输层和框架层。这些层次和一般的网络系统没有太大区别，但是在连接对象、环境复杂性、数据传输的安全性和可靠性等方面，又不同于普通网络。

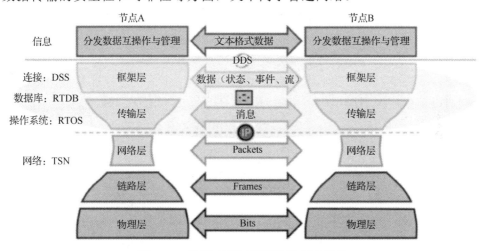

图 5-34　智能车间互联网络的层次结构

2）边缘计算机

如图 5-35 所示，每一个子网都应该由专门的边缘计算机进行管理。边缘计算机负责对制造设备数据进行采集和第一道处理，将采集到的数据实时存储在边缘数据库中，并负责对边缘数据库中海量数据的特征进行提取和上传。

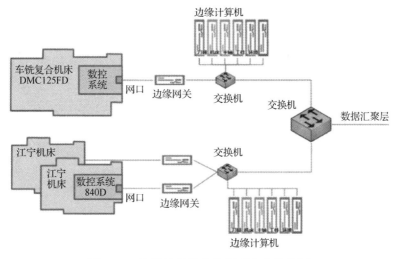

图 5-35　边缘计算机在数据采集中的作用

3）边缘数据库

直接从制造设备采集到的数据是海量的，并不是所有的数据都需要被传送到企业的数据中心。直接采集到的数据往往被就近存储在边缘计算机中，形成边缘数据库。边缘数据库中的数据通过特征提取处理后，才会被上传到数据汇聚层，最终上传到企业的数据中心。

3. 远程控制

智能车间工业控制子系统的布局图如图 5-36 所示。从图中可以看出，工业控制子系统和数据采集子系统实际上都是基于工业互联网络构建的。不同的是，数据采集是自下而上的数据汇集，边缘计算机负责采集数据，通过工业互联网将数据上传汇聚；工业控制则刚好相反，调度系统将控制指令和数据文件从网络下发到边缘计算机，由边缘计算机控制制造设备执行控制指令。

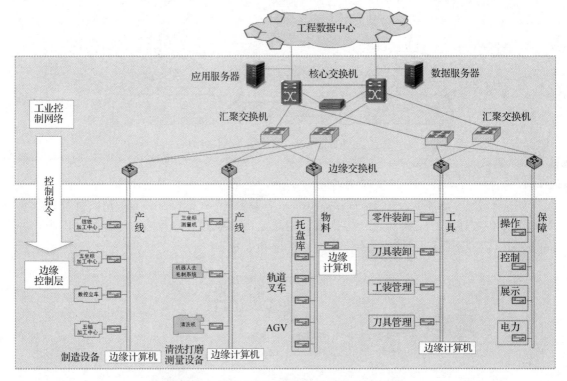

图 5-36 智能车间工业控制子系统的布局图

5.2.2 面向数字孪生的智能电子设备构建

面向数字孪生的智能电子设备物理载体（见图 5-37）应具备数据采集和状态监控、信息互联互通、智能决策、远程控制等基本功能，下面分别进行介绍。

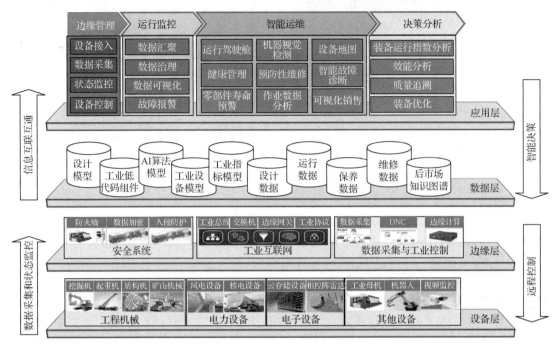

图 5-37　数字孪生体的物理世界组成

1. 数据采集和状态监控

与智能制造设备类似,智能电子设备应具备数据采集和状态监控功能。不仅如此,由于电子设备被安装在全国乃至全球的不同区域,因此设备的数据采集和状态监控必须是远程的。

产品孪生体需要采集的数据通常包括运行数据、健康数据、位置数据和环境数据。

1) 运行数据

运行数据是指可以反映电子设备运行状态的特征数据,如雷达的俯/仰角度、旋转速度、信号增益,锅炉的温度和压力,飞机的飞行速度、高度和轨迹,航空发动机的叶片转速、燃烧温度、飞行推力。运行数据应该在合理范围内,如果超出范围则要进行警示。

2) 健康数据

健康数据是指可以反映电子设备健康状况的特征数据,如润滑油中金属碎屑的含量、设备关键零部件的振动频率和幅度、关键电子组件的工作温度等。数字孪生系统通过建立一定的预测模型,可从当前获取到的健康数据和历史经验中,推断出电子设备的健康状况。

3) 位置数据

位置数据是指反映电子设备所处区域的特征数据。与制造孪生体中制造设备具有固定位置的情况不同,产品孪生体中电子设备工作的位置和环境往往是动态变化的,因此需要应用远程定位技术,使电子设备具备远程实时获取其工作位置的能力。

4）环境数据

环境数据是指可以反映电子设备所在环境状况的特征数据，如设备保存或设备工作环境的温度、湿度、气压、亮度和环境腐蚀性等。

2．信息互联互通

从电子设备物理载体上采集到的数据需传送到数字孪生体的数据中心，才能被加载到产品样机，从而实现虚实融合。

与智能车间制造设备之间的互联互通相比，电子设备数字孪生体的通信还具有以下两个特点：

一是远程。与制造设备往往处于相对固定位置不同，电子设备的物理载体通常在海、陆、空、天各种复杂环境中工作，而电子设备的孪生样机往往构建在企业的服务中心，因此信息互联互通需要借助广域网络进行远程通信。

二是高实时。电子设备作为各类重要设备的"大脑"，需要在接收输入后极短的时间内做出决策并发出指令。通信的延迟将导致产品孪生样机和物理设备之间的差异，从而导致决策失误，因此需要构建低延时、高可靠信息通信技术，如基于 5G 的工业互联技术，实现毫秒级通信。

3．智能决策

电子设备在获得实时运行数据和设备状态的基础上，依据预先建立的预测模型，对其运行状态和健康状况进行实时预测，并依据专家知识，对运行参数进行在线优化，如发现存在故障隐患，及时报警，防止出现事故。

4．远程控制

数字孪生体以广域网通信方式，通过控制中心向电子设备下发控制指令，对电子设备进行远程控制，如远程开机、远程关机、远程锁定、远程解锁、远程设置工作参数等。数字孪生体的控制中心根据对设备工作情况的预测发出优化后的控制指令，设备通过有线或无线网络接收控制指令，并执行指令，进行运行状态的调整和优化。图 5-38 所示为智能电子设备的远程控制。

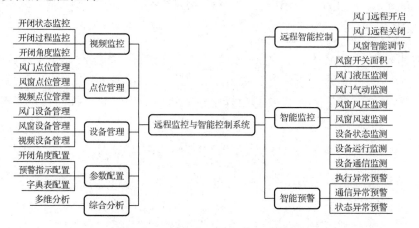

图 5-38　智能电子设备的远程控制

5.3　电子设备数字孪生的虚实融合

数字孪生体不是数字世界和物理世界的简单叠加，而是两者虚实融合的统一体，需具备以下特点：

（1）物理世界驱动数字世界。数字设备的运行依据实时采集到的物理设备数据进行，电子设备在数字世界和物理世界中的运行状态保持一致。

（2）数字世界预测物理世界。数字设备不是物理设备的简单对应。在数字世界中，可依据基础数据和领域知识，根据当前运行数据，对物理设备未来的运行状态进行准确预测，当可能发生运行故障或其他风险事件时及时预警。

（3）数字世界改变物理世界。数字设备还可针对不同目标需求，对运行参数进行实时优化，并将优化后的参数发送给物理设备，进而优化其运行效果。

电子设备数字孪生体虚实融合的基本架构如图 5-39 所示，包括数据融合、行为融合和交互融合。其中，数据融合实现对多源异构数据的转换、汇聚和集成；行为融合实现数字设备和物理设备运行状态、健康状况、故障发生行为上的完全一致；交互融合实现数字设备和物理设备在人、机、环、控方面的统一。

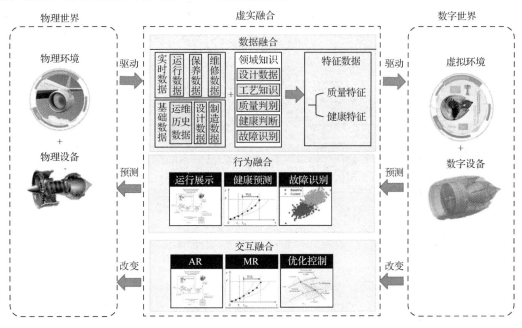

图 5-39　电子设备数字孪生体虚实融合的基本架构

5.3.1　数据融合

数据融合是指对数字孪生系统采集到的产品全生命周期内各类原始数据的处理过程，包括数据质量分析、数据清洗、数据关联、数据包络、数据特征提取、数据特征组合等一系列工作。

通过数据融合处理，可以将多源、异构、离散、孤立的原始数据，转变为结构化、集成化、知识化和特征化的数据，从而更好地驱动数字孪生体的运行。

1. 基本思路

电子设备数字孪生体数据融合的基本思路如图 5-40 所示。将从物理设备采集到的实时数据（环境数据、运行数据、报警数据、设备数据、生产数据）输入数据融合工具，结合已有的产品基础履历数据，以及相关的领域知识，通过数据质量分析、数据清洗、数据关联、数据包络、数据特征提取、数据特征组合等处理，实现对设备制造质量及健康状况相关特征的识别和提取。

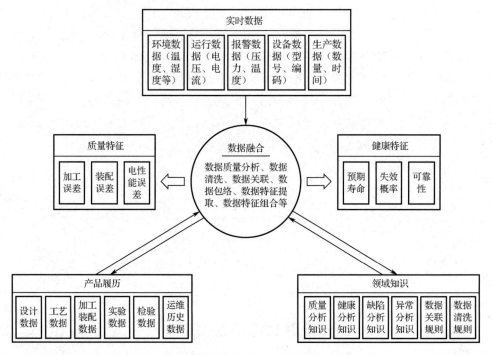

图 5-40 电子设备数字孪生体数据融合的基本思路

相关的数据主要包括实时数据、产品履历和领域知识。

1）实时数据

对于制造孪生体，实时数据主要包括制造环境的温度/湿度/洁净度、制造设备的切削参数/输出功率、生产批次/日期等与制造相关的数据。对于产品孪生体，实时数据主要包括设备运行的环境温度/湿度/洁净度、设备的开机/关机时间、工作电压/电流、关键部件的应力/应变、设备位置等。

2）产品履历

电子设备在其全生命周期内所有的相关数据，包括设计、工艺、加工装配、实验、检验、运维等过程中产生的设计模型和图纸、工艺规程、作业指导、采购数据、生产数据、检测数据、运行数据、保养数据及维修数据。

3）领域知识

领域知识包括与数据融合相关的各种知识和规则，如数据清洗规则、数据关联规则、质量分析知识、健康分析知识、缺陷分析知识和异常分析知识。

2．工作流程

数据融合的主要任务是对原始采集数据进行处理，将多源异构的原始采集数据整合为一个相互关联的整体，理解并最大限度地从采集数据中提取有效特征，以供算法和模型使用。

电子设备数字孪生体数据融合的工作流程如图 5-41 所示：首先是数据质量分析，确定数据质量（数据缺失值分析、异常值分析及一致性分析等）；然后是数据清洗，进行数据缺失值和异常值的填补和删除；接着是数据的规范化和离散化，包括数据标准化、归一化、二值化操作，对于连续特征，还需进行离散化（等宽、等频、聚类）操作，或对其进行特征编码；最后基于新的数据进行特征组合和特征选择，并将选取处理好的特征数据作为后续模型的输入。

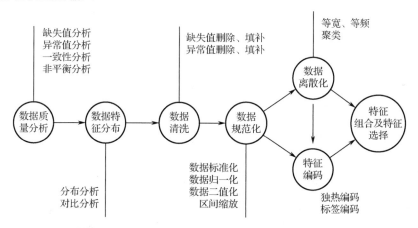

图 5-41　电子设备数字孪生体数据融合的工作流程

上述过程中，数据理解、缺失值分析、异常值分析、特征分布分析、相关性分析、特征选择等关键点描述如下。

1）数据理解

对数据进行的初步描述性统计分析，包含数据的均值、最大值/最小值、方差、中位值、四分位值等，初步判断数据的集中趋势和离散程度。分析这些数据能够加深我们对数据分布和数据结构的理解。

2）缺失值分析

统计所有特征中的缺失值情况，并通过分析判断对特征进行删除与填充。通常删除特征类别单一的列，这些特征列往往影响力很小，属于冗余特征，选取众数、中位数、平均值、固定值等方式进行填充。

3）异常值分析

若数据样本中包含异常离群值，为了后续模型的精确性，则需要发现并删除含有异常离群值的数据样本，如图 5-42 所示。

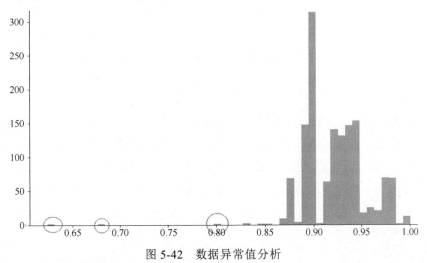

图 5-42　数据异常值分析

4）特征分布分析

通过各个数据特征的直方图，可以分析每个特征的分布情况，以及每个特征与目标间的分布关系，同时可以通过箱线图查看每个数据特征的数据集中趋势，并发现异常离群点，从而可以很方便地看出数据分布的偏态程度，如图 5-43 所示。

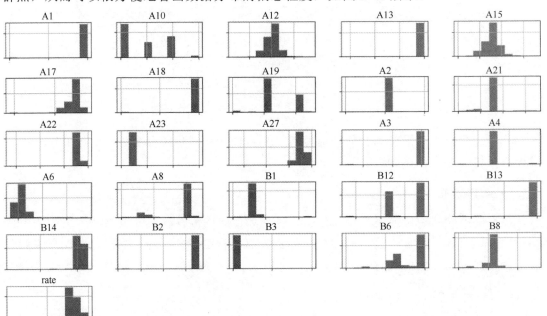

图 5-43　特征分布分析

5）相关性分析

通过构建数据相互影响矩阵图，进行特征相关性分析，作为后续特征选择依据。通常选取相关性较弱的重要特征进行特征交叉组合，选取相关性较强的特征进行弱化，减少特征冗余，以便达到较好的模型效果，如图 5-44 所示。

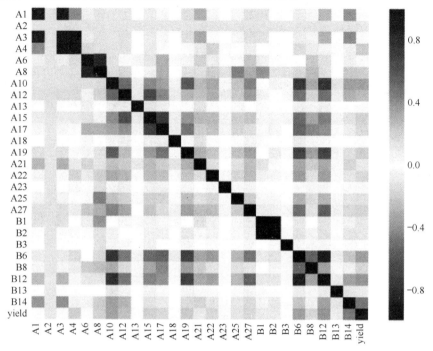

图 5-44 相关性分析

6）特征预处理与特征组合

结合原始特征，根据相应的特征分布情况可进行标准化、归一化、区间缩放或离散化处理。除了原始特征，还需要生成一些新的特征，来优化模型的效果。每一次模型训练都可以构造出一些特征，最后进行评分对比分析。组合新特征可以从两个方面来进行，首先通过观察与分析进行常规的特征组合，再在业务专家的配合下，找出符合业务规律的新的指标特征。

7）特征选择

特征构建好后，并不是每个特征对模型的训练都是有效的，冗余特征反而会影响模型效果，引起维度灾难，因此需要从众多特征中选出有用的特征，可采用特征选择的算法来做特征选择工作。

5.3.2 行为融合

行为融合是指通过数据分析判断电子设备的当前行为，预测其未来行为，并在孪生数字样机上对物理设备的当前和未来行为进行展示的过程，包括运行展示和故障预测。

1. 运行展示

运行展示是指数字孪生体实时采集物理设备的运行数据，正确识别物理设备当前运行状况，并在数字样机上进行展示的过程。图 5-45 所示为某汽车防撞雷达产线的运行展示，通过实时采集机械手各运动关节信息，并结合机械手驱动算法，准确地在孪生样机上展示物理机械手抓取和焊接运动的过程。

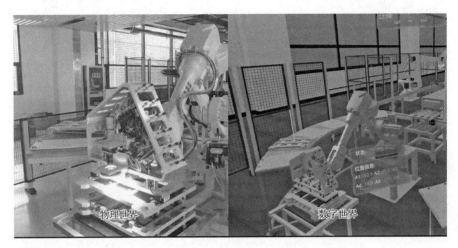

图 5-45　某汽车防撞雷达产线的运行展示

2. 故障预测

故障预测是一种在电子设备的数字世界对可能发生的故障进行仿真分析和智能决策，进而影响物理设备运行行为的融合分析方法。孪生样机系统基于实时采集到的物理设备运行数据，根据一定的预测模型或智能算法，通过融合分析提前对物理世界中尚未发生但即将发生的故障进行准确预测，进而进行预警和干预，以达到提前做出维护计划或规避动作的目的。

电子设备故障主要发生在设备运行期间，由元器件老化、腐蚀、磨损、振动松脱等原因造成，可采用一定方法进行预测。通过对可能发生的故障行为进行预测和规避，可以大幅度提高电子设备监测和维护的决策效率。

电子设备故障预测方法通常可以分为基于物理仿真和基于数学模型两大类。前者首先建立设备失效物理仿真模型，然后以实时采集到的数据为输入，通过仿真模型实时预测设备故障；后者可以归为 3 大类，即统计预测算法、数学预测算法和人工智能预测算法。其中，时间序列预测法是主要的统计预测算法；灰色预测法是主要的数学预测算法；神经网络算法、专家系统预测法、遗传算法和多 Agent 预测算法则是各有优势的人工智能预测算法，遗传算法和神经网络算法通常会与辅助式或合作式相结合。

5.3.3 交互融合

1. 场景融合

通过增强现实（AR）和混合现实（MR）的方法，实现数字孪生体物理世界和数字世界的场景融合。如图 5-46 所示，可以将数字孪生样机投射在真实的物理设备上，使两者合二为一。通过场景融合，可以将设计、工艺、制造、维修、保养等相关信息投射到物理产品上，虚实融合，为使用者提供更加丰富的信息展示方式。

图 5-46 航空发动机数字孪生系统的场景融合

2. 人机融合

人作为数字孪生的重要组成部分，是沟通数字孪生体物理世界和数字世界的重要载体。如图 5-47 所示，通过数据手套、脑机接口等，可以实现人、软件系统和硬件系统的有机融合：操作者通过 AR 眼镜、穿戴式显示器、数据手套等装备接收来自物理世界的各种信息，然后在数字世界中进行决策分析，再通过键盘、鼠标、数据手套、脑机接口等人机接口向物理系统下达命令，从而完成人机行为的融合。

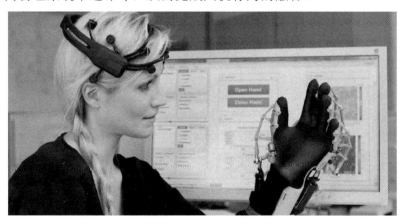

图 5-47 人机融合

第 6 章

电子设备数字孪生系统的应用

本章描述电子设备数字孪生系统的应用场景。首先是基于数字孪生的智慧设计，包括基于数字孪生的设计优化、工艺优化和人因分析与优化；其次是基于数字孪生的智能制造，包括数据驱动的自适应加工、基于数字孪生的智能装配和质量管理；最后是基于数字孪生的智能运维，包括基于数字孪生的健康监控与运行优化、基于数字孪生的故障诊断与维修。

6.1 基于数字孪生的智慧设计

6.1.1 基于数字孪生的设计优化

数字孪生技术在电子设备设计中有两个方面的应用：一是在设计阶段，通过构建虚实融合的数字孪生环境，对电子设备的安装、运行、使用进行精准预测和评估，避免由于对实际运行环境缺乏量化考虑导致的设计问题，减少不必要的设计返工；二是在电子设备投入使用后，通过对数字孪生系统采集到的运维数据进行分析，改进和优化产品设计。

1）设计阶段

在设计阶段，通过构建电子设备运行环境的数字孪生体，可提前对设备未来的运行性能和行为进行直观仿真和评估，及时发现可能存在的问题，避免设计差错和返工。如图 6-1 所示，进行挖掘机设计时，可将挖掘机实际的工作环境进行扫描建模，构建虚实结合的挖掘机数字孪生工作环境，进而对挖掘机的工作状况进行仿真分析，有效避免了可能存在的挖掘机与现实环境中物体和人发生碰撞导致的危险；再如图 6-2 所示的大型反射面天线装配设计，可按照天线的实际安装环境，构建虚实结合的大型反射面天线工作环境，对可能发生的装配干涉等问题进行反复调整和优化，减少设计返工。

图 6-1　基于数字孪生的挖掘机设计

图 6-2　基于数字孪生的大型反射面天线装配设计

2）反馈优化

电子设备设计初期，设计师依赖仿真模型对设备性能进行评估，以及对设计进行优化。但是受基础数据、仿真算法等限制，仿真性能与实际性能之间存在一定偏差，有的情况下这种偏差还比较大，因此，实际的设备性能总是与设计的理想值存在差距。传统设计模式下，当电子设备投入运行后，即使实际设备存在这样那样的问题，实际运行和故障数据也很难反馈到设计部门，设计人员也无法对产品做进一步改进和优化。

产品孪生系统的一个重要作用是可以将采集到的产品全生命周期的数据（包括制造、检测、运行、保养和维修）融合集成在企业的数据中心，并以可视化的方式反馈给设计者。通过与初始设计方案和数据的对比分析，设计者可以及时发现两者之间的偏差，完善基础数据和仿真模型，进而对产品设计进行进一步优化和改进。

6.1.2　基于数字孪生的工艺优化

数字孪生技术在电子设备的工艺设计中同样有两个方面的应用：一是在设计阶段，通过构建的制造孪生体，对产品工艺进行全过程仿真，及时发现设计的工艺在可制造性、经济性、指标符合性等方面的问题；二是在产品投入使用后，通过大量运维数据的反馈分析，对制造工艺进行进一步优化。

1）设计阶段

如图 6-3 所示，在工艺设计阶段，通过构建虚实融合的制造数字孪生体，工艺设计人员可以进行工艺过程定义、人机工效仿真、机器人运行仿真、产线调试仿真、生产过程仿真等一系列工作，对产线节拍、加工精度、装配干涉、产能、制造周期和成本等进行仿真和评估，进而优化工艺方案和参数，避免可能存在的设计差错和返工。

2）反馈优化

工艺设计人员还可以利用数字孪生系统的两类反馈数据对工艺设计方案和参数进行进一步优化。一是制造数据。通过制造数据与初始仿真数据的对比，对工艺仿真模型进行修正，降低仿真误差，从而进一步优化工艺设计。二是运维数据。通过对故障数据的分析，发现工艺设计与产品故障之间的关联关系，进一步修改工艺方案，从而提升产品质量。

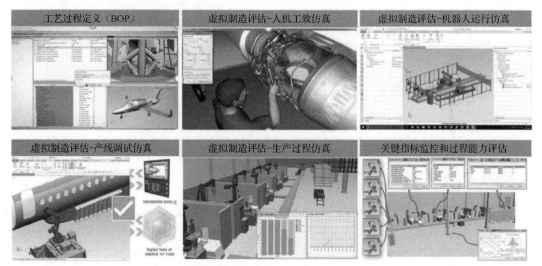

图 6-3 数字孪生技术在工艺设计中的应用

6.1.3 基于数字孪生的人因分析与优化

人因分析是进行电子设备设计时需要考虑的重要方面。应用数字孪生技术，可以对组成人机系统的设备和人的相互关系进行基于人机融合的仿真分析和优化，并根据人受设备、作业和环境条件的限制，改进优化电子设备的产品设计，使其更加符合人的特性和能力。

电子设备的数字孪生体可以为人因分析与优化提供良好的实现平台，使得在设计早期对电子设备的人机工程特性研究成为可能。基于数字孪生的人因分析主要包括以下研究内容。

1）人体模型构造

作为人机系统的重要组成部分，人体模型构造的正确性对最终的人因分析结果非常重要。人体模型构造系统将在虚拟环境中建立和管理标准的数字化"虚拟"人体模型，从而可以在产品生命周期的早期进行人机工程的交互式分析。人体模型构造系统应该提供的工具包括人体模型生成、性别和身高百分比定义、人机工程学产品生成、人机工程学控制技术、动作生成及高级视觉仿真等。

2）人体行为分析

人体行为分析系统可以对处于虚拟环境中的人机互动进行特定的分析，并且可以精确地预测人的行为。通过多种高效的人体工程学分析工具和方法，可以全面分析人机互动过程中的全部因素。

3）人体姿态分析

人体姿态分析系统可以定性和定量地分析人机工程学上的各种姿态。例如，设计汽车时，对驾驶员的整个身体及各种姿态从各个方面进行全面、系统的反复检验和分析，以评定驾驶员的舒适性，并可以与以公布的舒适性数据库中的数据进行比较，来检查、记录和重放人体全身或局部姿势，确定相关人体的舒适度和可操作性。快速发现有问题的区域，重新做出分析，并进行姿态优化。图 6-4 所示为进行汽车设计时人体姿态分析实例。

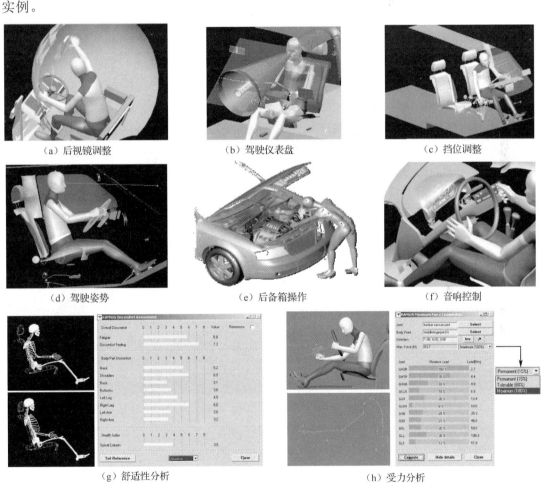

(a) 后视镜调整　　　　　　(b) 驾驶仪表盘　　　　　　(c) 挡位调整

(d) 驾驶姿势　　　　　　(e) 后备箱操作　　　　　　(f) 音响控制

(g) 舒适性分析　　　　　　　　(h) 受力分析

图 6-4　进行汽车设计时人体姿态分析实例

6.2　基于数字孪生的智能制造

6.2.1　数据驱动的自适应加工

加工质量和效率是数控加工工艺设计的主要目标：一方面，保证加工精度等质量指标满足设计要求；另一方面，使加工时间尽量短，满足制造时间和经济性要求。为此，需对机加工工艺和切削参数（走刀速度、切削速度、进给率）进行优化。受到设备和刀具性能、切削力、装夹力、刀具磨损等诸多因素的影响，在工艺设计阶段很难做到最优化。

自适应加工是指在工件加工过程中，通过对切削和其他工艺参数的实时动态优化，实现加工质量和效率的最优。其基本思想：首先通过数控加工数字孪生体在加工过程中实时采集切削力、切削温度、机床振动、刀具磨损、机床输出功率等要素；然后以采集到的数据为输入，通过数字样机实时预测工件的加工质量，动态计算满足目标情况下的最优加工参数；最后通过控制器实时调整加工参数，实现机床自适应加工，从而提升加工效率。

6.2.2 基于数字孪生的智能装配

装配是电子设备制造的关键环节之一，装配质量的好坏直接影响电子设备的服役性能。预警机、反射面天线、机载雷达等电子设备的特点是品种多、批量小、结构复杂、装配密度大，采用传统装配方式存在装配质量难以控制、装配效率低、周期长等问题。

基于数字孪生的智能装配是指综合应用数据采集、误差预测、动态调整、自动控制和可视化作业指导等技术，显著提升装配质量和效率的技术。该技术又可以细分为人在回路的智能装配和基于机器的自动装配。

人在回路的智能装配如图 6-5（a）所示。

（1）装配引导。装配者选择装配作业任务，系统将待安装的零部件（装配体）模型投射到待安装的物理位置，并实时显示安装路径、要求和注意事项，引导装配者进行装配操作。

（2）装配监控。装配者安装装配体，系统实时监控其安装过程，包括安装的零部件类型、装配路径和姿态，如出现差错则向装配者预警。

（3）误差展示。系统实时采集装配数据，包括设备形状（"点云"）、零部件应力和应变、装配体位姿、装配力、环境温度等，并将采集到的装配数据投射到物理设备，直观显示已装配零部件的状态及其与理想模型的装配误差。

（4）调整决策。系统基于采集数据驱动设备装配的仿真模型，对装配误差进行动态精准预测，并形成装配误差的控制策略和控制参数值。

（5）作业指导。将动态调整的装配策略和参数发送给装配者，以可视化的方式引导装配者对装配体进行调整，直到完成所有零部件的装配。

基于机器的智能装配如图 6-5（b）所示。

（1）装配工人发送指令，开始装配操作。

（2）数据采集。系统实时获取物理设备的装配数据，包括已装配零部件的应力和应变、当前装配体位姿、装配力、环境温度、自动化安装设备的运行参数等。

（3）装配质量分析。系统采集数据驱动设备装配的物理仿真模型，计算得到当前情况下的实时装配误差。

（4）控制决策。系统根据当前的实际装配误差，以及装配误差的控制策略和控制参数值，对工艺参数进行优化，形成相关的装配调整指令和数值。

（5）误差补偿控制。系统向工业控制系统发送控制指令，调整相关机械手或其他装配自动化设备的运行参数，自动补偿误差，获得最佳装配质量和安装效率。

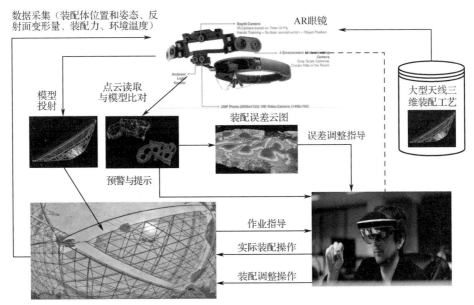

（a）人在回路的智能装配

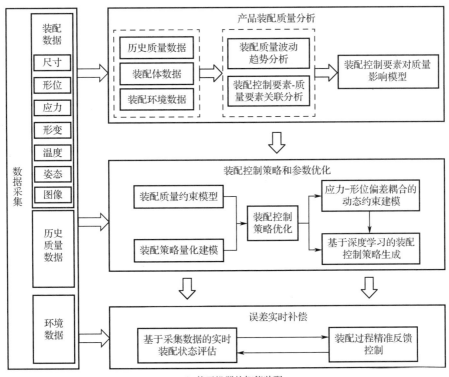

（b）基于机器的智能装配

图 6-5　基于数字孪生的智能装配

6.2.3　基于数字孪生的质量管理

产品质量是企业生存的根本，数字孪生技术可以从生产现场的质量控制和运维阶段的质量溯源两个方面，来帮助企业提升产品质量。

1）基于数字孪生的质量控制

基于数字孪生的质量控制如图 6-6 所示。

（1）数据采集。通过传感器和物联网，实时采集各类生产质量相关数据，包括工件、设备参数、工况、工艺参数和加工环境等数据。

（2）特征提取。依据关键特征定义，从采集到的数据中实时提取控制特性和质量特性。

（3）异常监控。建立异常数据表征知识库，对关键质量特性的异常情况进行在线识别。

（4）过程控制。当质量特性异常时，对控制参数进行实时精准调整和干预，实现产品的质量控制。

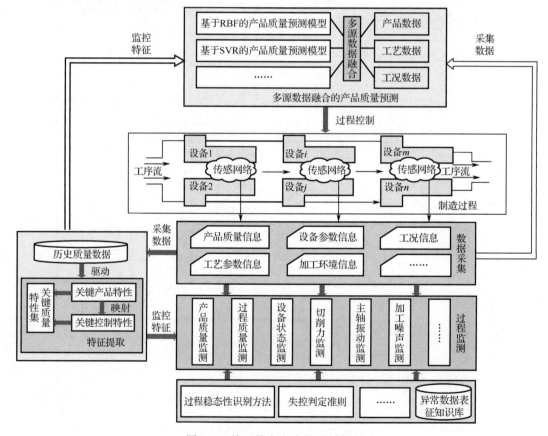

图 6-6　基于数字孪生的质量控制

2）基于数字孪生的质量溯源

数字孪生技术可以帮助企业对产品质量进行全生命周期的跟踪和溯源，从而有效厘清产生质量事故的原因，改进设计，并杜绝类似问题的重复出现。

基于数字孪生的质量溯源如图6-7所示。

（1）构建质量知识图谱。通过对产品全生命周期数据的挖掘，获得工艺参数、环境参数、工况数据与产品故障特征的关联关系，建立异常特征库和故障模式库，形成质量知识图谱。

（2）基于知识图谱的问题溯源。一是纵向分析，通过分析全生命周期质量数据，获得与质量问题相关的特征和参数。二是横向分析，通过质量问题证据链检索，实现对全域产品的举一反三。

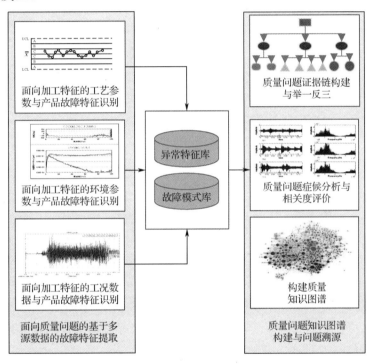

图6-7　基于数字孪生的质量溯源

6.3　基于数字孪生的智能运维

6.3.1　基于数字孪生的健康监控与运行优化

在产品运行阶段，通过构建产品数字孪生体，可实现对产品运行数据的实时采集与健康监测。以工程机械为例，通过对发动机功率、油压、作业速度、油品、工况、载荷谱、位姿、温度、压力等指标数据的实时采集和分析，可对工程机械整机及液压、控制和结构等子系统的健康状况，包括工况、疲劳、失效概率等进行分析与监测。

此外，还可以基于实时采集到的运行数据，对运行数据进行分析与优化。如图 6-8 所示，对实测历史数据进行数据挖掘，形成运行数据模型，进而提炼形成知识模型；通过运行数据模型与设计样机模型的比对，实现样机模型的修正及优化。

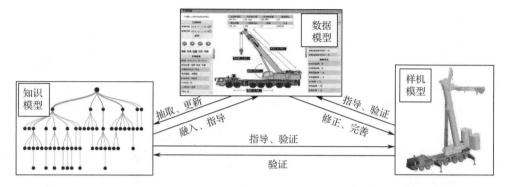

图 6-8　基于数字孪生的运行优化

6.3.2　基于数字孪生的故障诊断与维修

数字孪生技术将使电子设备的故障诊断与维修模式发生重大变革，如图 6-9 所示。

（1）设备履历查阅。如图（a）所示，维修人员可在数字孪生体的数字世界，直观查阅故障设备的基本情况和产品履历信息。

（2）设备运行状态查询。如图（b）所示，维修人员到达维修现场后，可通过数字孪生体的数据采集功能，查看故障设备的运行数据，并进行数据分析，以确定设备的故障原因。

（3）远程会诊。如图（c）、（d）和（e）所示，当维修人员无法独立完成设备维修时，可通过数字孪生体的通信功能，与远程专家进行交流讨论，接受远程专家的维修指导。

（4）作业指导。如图（f）所示，当维修人员进行维修时，数字孪生系统还可以给其提供可视化的维修作业指导。

（a）设备履历查阅　　　　　　　　　　　　　　　（b）设备运行状态查询

图 6-9　基于数字孪生的远程故障诊断实例

（c）呼叫专家

（d）与专家交互

（e）专家远程查看设备

（f）作业指导

图 6-9 基于数字孪生的远程故障诊断实例（续）